哈尔滨工业大学建筑学院城市规划系
学生作业集
DESIGN
PORTFOLIO

主　编：吕飞　赵丛霞
副主编：袁青　薛滨夏　陆明　董慰

中国建筑工业出版社

图书在版编目（CIP）数据

哈尔滨工业大学建筑学院城市规划系学生作业集 / 吕飞，
赵丛霞主编 . — 北京：中国建筑工业出版社，2013.9
ISBN 978-7-112-15747-1

Ⅰ . ① 哈…　Ⅱ . ① 吕…　② 赵…　Ⅲ . ① 城市规划—
建筑设计—作品集—中国—现代　Ⅳ . ① TU984.2

中国版本图书馆 CIP 数据核字（2013）第 193651 号

责任编辑：李　鸽
责任校对：党　蕾　刘梦然

哈尔滨工业大学建筑学院城市规划系学生作业集
主编：吕飞　赵丛霞
副主编：袁青　薛滨夏　陆明　董慰

*

中国建筑工业出版社出版、发行（北京西郊百万庄）
各地新华书店、建筑书店经销
北京京点设计公司制版
北京方嘉彩色印刷有限责任公司印刷

*

开本：880×1230 毫米　1/16　印张：8　字数：240 千字
2013 年 8 月第一版　2013 年 8 月第一次印刷
定价：**75.00** 元
ISBN 978-7-112-15747-1
（24520）

序

时光荏苒，又是金秋时节，适逢我院承办全国城市规划专业指导委员会年会，城市规划系推出了这本优秀学生作业集。作业集凝聚了城市规划系广大师生多年来的辛勤汗水和智慧结晶，也寄托着我院对国内外同仁齐聚一堂交流教学经验、探讨学术思想的诚挚期盼，更蕴含着对快速城市化背景下城乡规划专业美好发展前景的憧憬。

作为建筑老八所院校，哈尔滨工业大学是国内较早建立城乡规划专业的院校之一。1958年学校成立城乡规划研究室，开始组建城乡规划学科的教学研究队伍。1985年创建城市规划专业，开始正式招收本科生，为学科发展奠定了良好基础。1998年城市规划专业在我国首批5所高等院校参加的城市规划教育本科和研究生评估中获得A级的优秀成绩。2001年，城市规划专业被建设部评为部级普通高等学校本科重点学科。2004年和2010年，又两次以A级的优秀成绩通过国家高等院校城市规划专业教育复评估。2011年国务院学位委员会对学位授予和个人培养学科目录进行学位授权点对应调整，我校城乡规划学获得博士学位授权一级学科，这标志着在城乡规划学变为一级学科的大背景下，经过几代教师的不懈努力，历经近六十载风雨砥砺，我院的城乡规划专业在教学、科研及工程实践等方面已形成了自身的特色与优势，专业建设成果卓著，在寒冷地区城乡规划理论与方法研究、城市设计理论和方法研究，适应气候的生态城市规划与设计、寒地人居环境技术及城市灾害预防等诸多领域，均形成自己的学术特色。我校城乡规划专业在全国学科第一梯队中，持续稳步发展。

城乡规划专业主要培养理论基础扎实、知识面广、适应性强、具有创新精神的执业规划师和城市规划管理、城市建设开发、城市规划研究与教育等领域的高级专业人才。教学中注重理论与实践相结合，培养学生科学的思维方式、正确的设计方法、扎实的表现技能以及将城市规划理论知识与建筑学、经济学、社会学等相关专业知识融会贯通并运用于实际工作的综合技能。在《国家中长期教育改革和发展规划纲要（2010-2020年）》框架下，我院城市规划系探索出将课堂学习与项目学习相结合、专业教育与跨专业教育相结合、校内教育与跨国及跨文化教育相结合、校园学习与企业实践相结合的创新型本科教育模式。

这本优秀学生作业集的出版，见证了哈工大建筑学院城市规划系几代教师在教育实践中孜孜以求的探索历程，浸染着"规格严格 功夫到家"的哈工大精神和教学相长的优良传统，反映了建筑学院规划系师生对规划设计行业的热爱，相信他们一定会凭借城乡规划专业走向国际化的东风，取得更为卓越的成绩。

建筑学院院长 梅洪元 教授

前言

　　见到这部凝聚着城市规划系师生心血的作业集如期问世，我心里特高兴，衷心希望今后能把这项有意义的工作视为优良传统持续地做下去。

　　哈尔滨工业大学的城乡规划学科，同国内诸多理工类高校的规划专业一样，是在建筑学学科的基础上建立并发展起来的，在其培养目标、教学计划和课程设置上，重视对学生思维能力、设计与表达能力以及创新能力的培养。在5年的学制中，课程设计、毕业设计等系列设计类课程是作为主干课程贯彻始终的。本作业集是近几年城市规划系师生系列作业成果的集中表现，在一定程度上反映了规划设计教学的总体质量。

　　我认为，作业集所收入的设计成果具有以下几个特点：一是符合教学计划关于培养、锻炼设计能力的基本要求；二是规划设计的类型与内容大部分是来自城乡建设实际，是结合当前城镇发展战略和实际建设要求而确定的，这有助于增强学生运用所学理论解决实际问题的能力；三是这些规划设计地段均在黑龙江省内选择，可凸显地域特色。以上三点也正是城乡规划学科一贯重视教学、科研与生产相互促进，重视构建专业知识基础和培养综合技能，重视城乡宏观和微观经济社会与物质空间协调发展的总目标所要求的。

　　这部作品集既是学科教学的总结，也是师生团结劳作的纪念，很值得珍惜。再次表示祝贺。

建筑学院城市规划系　郭恩章　教授

目 录 Contents

居住小区规划设计
Residential Quarter Planning & Design

课程要求：

通过本阶段的设计和学习，使学生复习掌握学过的城市规划与建筑设计等相关知识，并灵活运用于居住小区规划设计中，对居住小区的道路、公共建筑、住宅群体和绿地等进行综合规划与设计，从而熟练掌握详细规划工作内容、方法、步骤，培养学生表达规划设计意图的能力，加深对居住小区规划的理解。

①用地规模：15～17公顷；

②设计要求：根据当地特色及条件，选择住宅类型、确定住宅数量、层数，布置小区建筑群组，突出空间合理性与特色。

课程学时：

56学时+集中周

1 "芳邻共济"居住小区规划设计
Spatial and Ecology Residential Quarter Planning

学生姓名： 李明星

指导教师： 冯瑶

教师评语： 1、立意方面：首先，通过围合式空间，营造小区内部交流空间，以促进邻里关系的友好发展；其次，引入生态理念，采用雨水收集和污水处理的方式构建居住区内部水系，与基地毗邻的马家沟相互呼应。2、设计特色：基于基地的气候特点和城市肌理，在空间形式上采用院落—组团—小区三级围合式布局，营造适宜各类人群交流的空间；结合基地特色构建水景为主体景观，生态技术的利用为小区的可持续发展提供有效的技术支撑，亲水空间加强人与自然的联系也促进人与人之间的交往。3、创新点：针对寒地城市气候特征和基地的区位特点，引入生态理念设计适宜居民交往和亲近自然的空间，是具有现实意义的尝试。

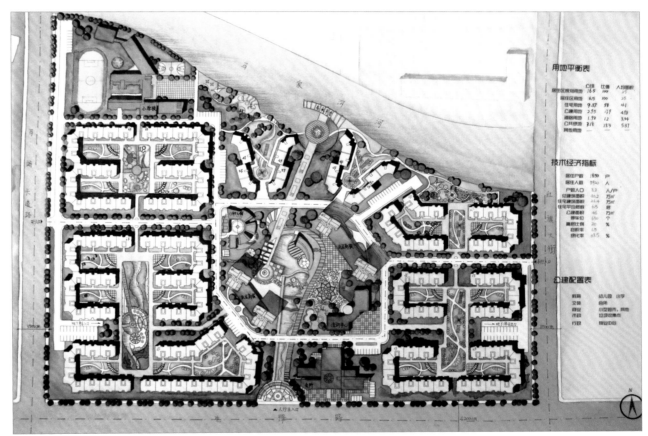

总平面图

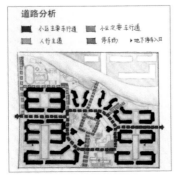

道路结构分析图

公建分析图

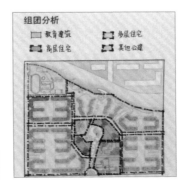

组团结构分析图

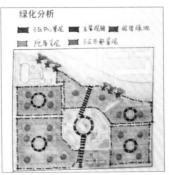

绿化分析图

鸟瞰图

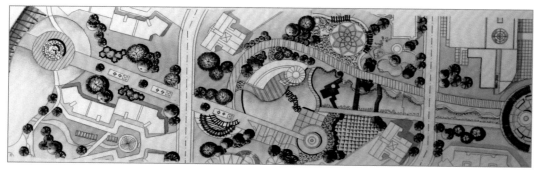

中心景观轴平面图

设计说明：

　　本小区的构思要点主要有以下三个方面：（1）生态理念：采用雨水收集污水处理的再生水作为小区中的水景观，并且小区内水系与马家沟河形成一个完整的水系。（2）崇尚邻里友好与平等，亲密的邻里关系。组团内，通过院落围合而成的空间具有均好性，体现邻里平等。（3）强调以人为本，寻求人、建筑与环境的共融。

景观节点透视 A 图

景观节点透视 B 图

2 "Downtown and Hometown" 居住小区规划设计
The Residential Quarter Planning of Downtown and Hometown

学生姓名： 彭仲萍

指导教师： 冯瑶

教师评语： 1、立意方面：为解决基地现存商服设施散乱的问题，设计融合商业与居住功能的居住区，构建可持续发展的社区模式。2、设计特色：将商服设施集中于居住区的中心地带，结合地势特点设计为下沉式步行商业街，营造居住区的特色空间；主要景观和绿地由中心绿地和组团绿地组成，毗邻基地的马家沟滨水景观与之相互呼应；开放空间结合步行商业街和中心绿地，组团内则形成半开放空间和私密空间，以满足人们的各种生活需求。3、创新点：通过融合商业与居住功能的居住区设计，探索可持续发展社区的构建模式，具有现实意义。

区位分析及图底关系

图示一览表

居住建筑

商业建筑

公共建筑

地下停车场

中心绿地

组团绿地

宅旁绿地

河流水体

经济技术指标

项目	数值	单位
居住户数	2540	户
居住人数	8128	人
户均人口	3.20	人/户
住宅建筑面积	22.59	万平方米
公建面积	5.40	万平方米
总建筑面积	27.99	万平方米
住宅平均层数	10.3	层
停车位	600	个
高层比例	74.7%	
容积率	1.70	
绿化率	36%	

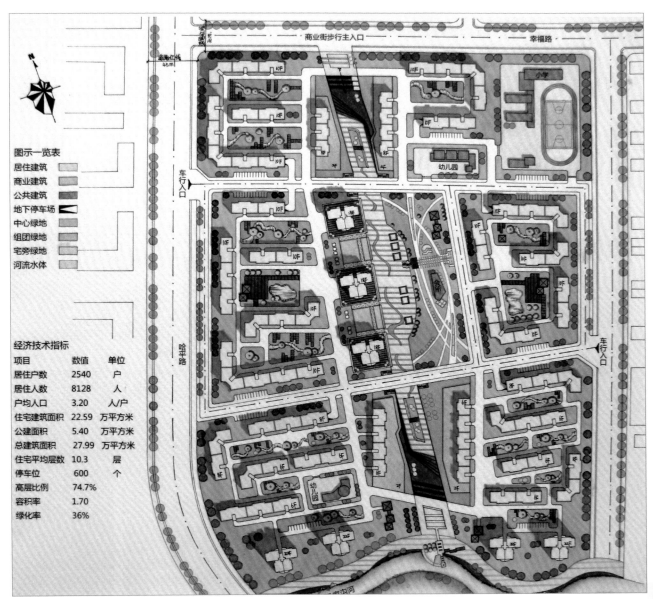

总平面图

鸟瞰图

设计说明：

　　本地段位于哈平路与幸福路交界处，北邻乐松购物广场，南邻马家沟河、植物园，周边多呈院落围合式老住区，公共交通发达，文教体系完善，小商服设施众多，适合开发中档产业住宅。

　　地段调研时，原居住小区内部散乱设置的底层商服设施，激发了规划商业居住区的创作思路。设计紧扣商业区与居住区融合这一概念，延续周边历史文脉，设置商业步行景观轴，建立一种老居住区的更新模式。更为小区居民提供便捷、交流性强的居住模式，使其因生活中彼此的点滴碰触增强居住区的归属感。

景观节点透视图

小区场所功能分析图

小区道路系统分析图

小区绿化景观分析图

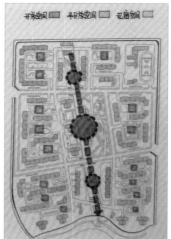

小区空间结构分析图

城市综合调研
Urban Planning Survey Research

课程要求：

　　认识城市规划实态调研的重要性，了解掌握其内容体系；了解掌握城市规划实态调研的工作步骤、工作方法；培养从实态调研有限资料中发现问题、分析问题、解决问题的能力；掌握综合实践调研报告的编写程序、编写内容和编写方法。选题内容可包含：城市住区、城市公共空间、城市历史文化、城市景观环境与特色、城市动态或静态交通特性等。

　　其中，"城市交通出行创新实践"作业要求：发掘在社会组织、社区、企事业单位及普通民众之中已经存在着的许多"软性"（组织管理）的、具有创造性的解决方案，并促进这些有效的方法能够在国内外得到推广应用，最大限度地发挥城市交通基础设施的效能，有效地减少城市交通的环境问题、安全问题，同时改善社会弱势群体的交通出行条件。

课程学时：

　　64学时+集中周

1 失 YI 的遗址—哈尔滨市革命遗址现状调研
The Lost Revolutionary Site —— The Situation Investigation of Revolutionary Relics in Harbin

学生姓名：周骁、李姝媛、贺辉文、乔文琪
指导教师：陆明、郭嵘

教师评语：该城市调研以哈尔滨革命遗址为研究对象，对目前现状进行了详细深入的总体调研与典型调研，并对哈尔滨革命遗址进行了分类分析和评价，最终探讨了革命遗址综合利用及其可持续发展的对策，对哈尔滨革命遗址的保护与利用具有较高的实践价值。调研选题结合社会现实问题，研究视角独特；全文由一个猜想引发，沿主体和隐体两条主线展开，结构清晰而富有创意；运用模糊综合评价法进行对比分析，研究方法定量化程度高，分析结果客观详实；调研报告语言流畅，理性数据分析与感性漫画表达相结合，表达形式生动丰富，整体成果完成质量较高。

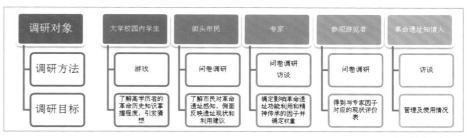

图 1 研究思路

图 2 研究方法框架图

革命遗址是人类文明史上独特的文化遗存，是中华民族物质与非物质文化遗产的双重组成部分。然而，随着时代的变迁、城市功能的更新，革命遗址的处境越发尴尬和微妙。

1、调研背景。调研由一个猜想引发，将哈尔滨革命遗址按其现状功能分类，选取典型遗址进行重点调研。沿主体——革命遗址功能利用、隐体——革命遗址红色精神承载两条主线展开，辅以遗址建筑与空间环境和相关政策管理的分析，结合模糊综合评价法，进行横纵向全面对比分析。用实际调研对猜想进行反馈，并探讨不同类型革命遗址如何在传承红色精神的同时，更好地融入现代城市生活，主体与隐体并行，延续革命遗址生命力。

2、总体调研。哈尔滨市区内共有革命遗址 68 处。目前已被拆除 33 处，占总数的 49%。现存革命遗址 35 处，主要分布在道里、道外、南岗三个城区。这 35 处革命遗址随着时代的变迁，功能悄然发生变化。按现状功能，大体可分为纪念馆型、纪念场地型、事业单位型、居住型和商业型五类。

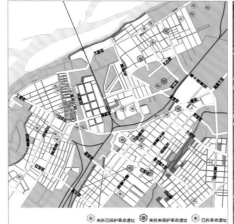

图 3 哈尔滨市主要革命遗址分布图

图 4 以英雄名字命名的街道和公园示意图

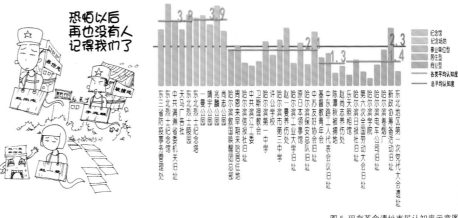

图 5 现存革命遗址市民认知度示意图

模糊综合评价法：

分别与建筑学、城市规划、文物保护、文化历史四方面专家探讨，多次斟酌，提出影响革命遗址利用及革命精神传承的 4 大类、19 小类的影响因子。

一级指标	二级指标
建筑单体	1. 建筑质量完好程度
	2. 建筑色彩保留程度
	3. 建筑时代特点原真度
	4. 建筑内部设施完善程度
	5. 建筑易识别程度
与周边环境关系	6. 与周边环境体量协调程度
	7. 与周边环境色彩协调程度
	8. 与周边环境风格协调程度
	9. 周边物理环境质量优良程度
	10. 周边配套服务设施完善程度
	11. 其他区域至此交通易达程度
红色文化传承	12. 相关革命人物故事的传颂度
	13. 相关历史知识宣传度
	14. 革命展品陈列丰富程度
	15. 相关革命文化活动开展程度
服务与管理	16. 使用频繁程度
	17. 配有现场讲解
	18. 管理机构明确
	19. 资金投入保障

四个相关领域的共计 20 名专家分别对一级指标在影响革命遗址利用情况时重要性程度打分，得到大类权重—— q_{ij}

再按各个因子的重要性程度分别对二级指标打分，因子权重—— v_{ij}

得某专家确定的权重向量——

10

平均权重向量——

$$\overline{} = \frac{}{20} \quad _{j=1}$$

在十个重点革命遗址让市民对其 19 项因子进行现状打分，的观测矩阵——

$$A = A \bullet (\checkmark_{ij})_{m \times n}$$

对矩阵进行优属度模糊，得优属度模糊矩阵—— $R = R \bullet (r_{ij})_{m \times n}$

得到十个重点革命遗址的各一级指标及综合的模糊综合评价值—— F_j

图 6 东北烈士纪念馆名片

3、典型调研与分析。在哈尔滨现存遗址的五个功能类别中，每类各选取两个典型进行重点调研。围绕着主体——革命遗址的功能利用和隐体——革命遗址精神承载两方面展开。根据调研结果汇集成革命遗址信息名片，结合模糊综合评价法进行各功能类别典型遗址的分析对比。

3.1 纪念馆型

两个纪念馆对建筑单体的保护较好，但遗址周边环境问题突出。东北烈士纪念馆周边噪声干扰较大，而中共满洲省委机关旧址周边的小吃街带来较大干扰和安全隐患，纪念馆精神主体地位下降。

1）主体——支持充足，进取缺失

总体而言，国家财政投入为其维护更新与利用提供了充裕的资金，为其功能的发挥提供了可靠的支撑。然而纪念馆尚存在着展览形式单调、讲解服务缺乏等问题，导致其对市民的吸引力不强，存在一定的功能缺失。

2）隐体——大不及小，民众争先

在中共满洲省委机关旧址，每周三天，由革命烈士子女自发组织的艺术团队来此排练歌舞，让参观者感受到别具一格的红色文化氛围。这种恰切的利用模式，不失遗址身份，对话今昔。

中共满洲省委机关旧址综合分析得分 0.642分，比东北烈士纪念馆超出 0.017 分，整体上对革命遗址的保护和利用较优，而中共满洲省委机关旧址在文化传承和周边环境两方面具有比较优势。

3.2 纪念场地型

纪念塔公园面对喧嚣的运动场，背靠施工中的超高层住宅，30 米高的纪念塔显得格格不入。嘈杂的嬉戏打闹声，酣睡的流浪者以及青白精致的浮雕上触目异常的宠物排泄物，打破了东北烈士纪念塔原本应有的静谧和庄严。一曼公园内，不和谐的因素也同样存在，有一半灯光被人打坏，更经常有小孩踩踏烈士浮雕像。

1）主体——纪念丧失，休闲当道

将纪念与休闲相结合的公园内绿树掩映，它们是纪念革命烈士的重要场地，更为市民提供了良好的游憩场所。然而周边环境对其庄严气氛的塑造带来一定的负面影响，如一曼公园周边噪声较大，整体环境不够融洽，载体的退化抑制了纪念场地核心功能的发挥。纪念场地的纪念功能严重缺失，也映射着管理协调不力。

2）隐体——行为失体，精神尚存

纪念场地红色精神的传承关键在于氛围的塑造。一曼公园良好的绿化、背景建筑物的融合成为园内静谧气氛的硬件保障；赵一曼烈士的革命故事在市民中传颂度较高，使得人们在碑文前驻足阅读。

一曼公园的综合模糊评价值比烈士塔高，在精神传承方面最为突出，具有 0.13 的分差优势。纪念知名历史革命人物的公园相较于为群体烈士竖立的纪念碑对普通市民更具吸引力，也体现了革命故事的传颂在提升纪念场地红色精神承载力方面的重要性。

3.3 事业单位型

赵一曼养伤处与赵尚志革命活动旧址改为新的功能，分别成为哈医大传染科门诊部和铁路局信访办公室。二者的建筑单体整体保护情况

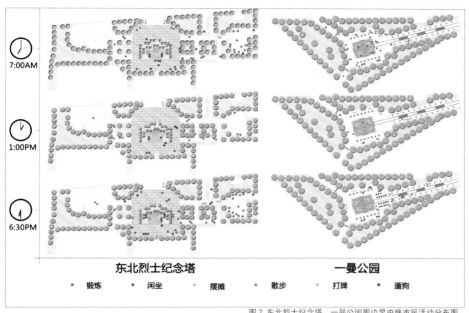

图8 一曼公园内踩踏浮雕的小孩图

这（纪念塔）边上干啥的都有，真是太不像话了！这儿怎么的也是纪念革命先辈的地方，咋能什么都能干呐！
——正在散步的老解放军

图7 东北烈士纪念塔、一曼公园周边早中晚市民活动分布图

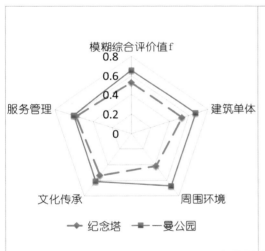

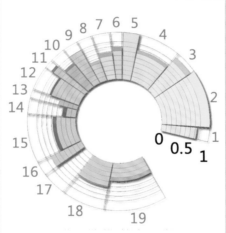

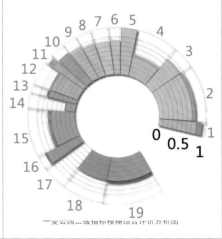

图9 纪念场地型革命遗址模糊综合评价分析图

都比较完好，但建筑周边环境的建筑样式及体量各异，街区整体融洽性不强。

1）主体——格局已逝，服务众人

传染科门诊部和信访办在使用功能上延续了红色革命精神，即奉献与服务，为百姓分忧解难，是一种较好的更新利用方式。然而，仅将遗址建筑的空间加以利用，缺乏对历史承载的充分表达，无异于将其与普通建筑同化，忽视了其作为遗址建筑所承载的独特价值。

2）隐体——专于其内，疏于其外

数年未更新修复照片的传染科门诊、缺失历史呈现的信访办，在载体较完整保留的情况下，精神传承仅限于工作人员与病人脑海中模糊的认识，随着时光的不断更迭逐渐稀释。赵尚志革命活动旧址综合得分0.534分，比赵一曼养伤处低0.063分。

3.4 居住型

刘少奇革命活动遗址院落内杂物乱堆，破旧不堪，已淹没在棚户区内，只有透过破木板之间的门缝才能看到墙上写有"刘少奇革命活动

旧址"的铭牌。赵尚志养伤处旧址处于大杂院内，同样是杂物乱堆的场景。这两处遗址均缺乏完善的水暖设施，污水横流，垃圾遍地，很难让人想到这里会是革命遗址。

1）主体——棚房掩映，毁在旦夕

这两处革命遗址延续着原有的居住功能，其载体和普通民居没有区别，成为底层市民的蜗居之所。老旧的建筑不仅不能满足基本的居住功能，更是找不到丝毫红色的印记。

2）隐体——消隐流散，众人不知

两处遗址已鲜有人问津，了解历史的老人或已搬迁，或已过世。如今住在这里的中青年人对于该处的历史一无所知。周边的一些居民甚至认为破败的遗址影响了他们的居住环境，急切地期盼拆除。两者综合系数均小于0.3，产权属居住者个人所有，处于老城区的破败之处，城市建设与现实问题导致其管理不力，促成了两者在遗址的保护和利用上彻底失职。

3.5 商业型

马迭尔宾馆在建筑内部打造了历史文化长

廊，悬挂历史人物照片；纪念新政协筹备会的大堂与餐饮功能结合，使客人在用餐的同时重拾红色记忆。哈东祥金店没有任何形式的宣传手段，其工作人员对相关历史毫无所知，在总体调研中市民对其认知度也较低。

1）主体——你抑我扬，价值凸现

哈东祥金店与马迭尔宾馆植入新的功能后，效果有别。马迭尔将红色革命历史纳入到企业文化当中，自投资金搜集历史资料，装点长廊、大堂，并且对职工进行讲解培训，为客人介绍红色历史。

2）隐体——传扬之妙，互惠互利

从市民反应情况来看，马迭尔取得了较好的宣传效果，沉睡的红色革命记忆被重新唤起；而哈东祥金店所承载的历史却在悄无声息地走向消失。二者皆作商业用途，都无政府的财政支持，结果的大相径庭源自于企业管理阶层的意识取向。对于商业型遗址来说，连体环节淡薄的红色文化意识催化了革命精神的遗失。

马迭尔以0.13的分差全面占优，证明了商

历史文化长廊

融休闲与展示于一体的大堂吧

图10 马迭尔宾馆内部场景图

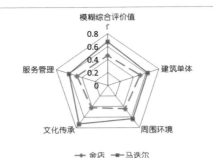

图11 商业型革命遗址模糊综合评价分析图

马迭尔宾馆二级指标
模糊综合评价分析图

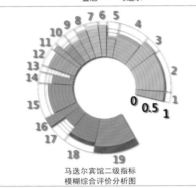

东祥金店二级指标
模糊综合评价分析图

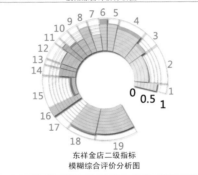

图12 总体模糊综合评价分析图

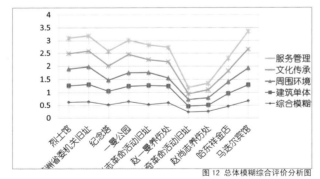

图13 革命遗址"拆与保"的命运发展

业用途并不是革命遗址的杀手，商业品牌结合历史文化的战略可以在宣扬红色精神的同时提升企业品位和知名度，达到双赢。

3.6 典型案例综合评价分析

随着时代的变迁，五类革命遗址的主体保护与功能利用发生着不同方向的分化，呈现出异质化的特点，隐体承载的革命精神也面临着不同程度的消逝。

纪念馆型和纪念场地型：这类遗址是革命传统教育和爱国主义教育的重要阵地，因政府充足的财政支持，获得了精心的保护。然而周边环境的影响使其庄严氛围减弱，服务管理方面的疏忽使其缺乏与市民之间的有效互动，遗址功能的发挥受到了一定制约。与此伴随，革命精神的延续也流于表面，从市民的深层记忆中淡出，游走在失忆的边缘。

事业单位型：这类革命遗址同样因受到政府的重视而获得妥善的保护。但注入新的功能后，其作为革命遗址的价值内涵却没有得到充分利用。少数革命遗址承载的革命历史还能从为数不多的照片中找到点滴回忆，而绝大多数革命遗址留给后人的仅是毫无记忆依托的建筑空壳，呈现深层失忆的危机。

居住型：这类革命遗址未得到政府及相关部门足够的重视，建筑单体和环境破败不堪，在功能设施等方面存在较大不足，建筑本身与都市环境也显得格格不入。从遗址本身无法寻觅到丝毫的革命历史痕迹，红色记忆随着一代代人的更迭而被不断稀释，呈现出消亡的趋势。

商业型：这类革命遗址因商家各自情况表征出不同特点。建筑单体保护与利用情况良莠不齐。红色精神的传承令人堪忧，除少数仍能引人重温历史，绝大多数已悄无声息地湮没在商业的洪流之中。

4、猜想反馈。哈尔滨市革命遗址求生艰难，举步维艰，在现代都市中怅然失意，市民已对红色革命历史集体失忆。商业型中的马迭尔宾馆和纪念馆型的中共满洲省委机关旧址模糊综合评价值较高，实际调研的过程中也给人强烈的精神震撼。

5、总结与展望。依据调研结果，提出以下几点建议：a. 政策的制定要立足公共利益，强调公众参与；b. 革命历史建筑的保护，应采用保护与利用相结合的方式。在不破坏建筑保护价值的条件下，宜开辟为青少年活动中心、社区文化中心和博物馆等，使革命历史建筑成为城市生活的一部分；c. 展览馆采用多种展览方式，积极宣传，并延长开放时间；d. 革命遗址的保护要有社会力量的支持，将红色精神和企业文化相结合，将红色精神和市民的日常业余生活相结合，依托广大市民的力量去宣传与继承，组建老年红歌合唱团等民间组织，借助社会的参与实现主体和隐体的双重激活；e. 积极探索经济运行的多种模式，力求"公私协作"。将私人利益纳入规划，或以少量的政府投资去引导私人投资进入到规划的框架，或以合理的补偿使利益集团为公共利益作出让步。

2 大音于市，乐在其中——世界音乐之都哈尔滨音乐文化及设施现状调研
The Research of Current Situation of Music Cultural Facilities in Harbin

学生姓名：朱琦静、那慕晗、张艺帅、朱超卡比

指导教师：陆明、郭嵘

教师评语：该社会调研选题角度富有新意，密切结合城市热点话题，调研分析深入，调研数据客观详实，调研方法合理可行，规划建议对哈尔滨音乐文化的建设具有一定的参考价值。调研报告采用"经典交响乐"的乐章结构，与报告主题较为契合，语言阐述流畅，图文并茂，表达形式丰富多样，整体成果完成质量较高。

哈尔滨是一座音乐名城，在 2010 年正式被联合国授予"世界音乐之都"的称号。盛名之下，其实何如？为了解"世界音乐之都"的现状，在哈尔滨市范围内通过调研音乐文化活动和音乐文化载体的情况，发现其中存在的问题。结合调研结果进行分析，提出音乐文化载体规划建设的建议，预想构筑以中央大街及其辅街为中心的音乐核心展示区，打造名副其实的"世界音乐之都"。

1、前奏。尼采说过："没有音乐，生命是没有价值的"，一座城市如果没有音乐，注定会缺乏生机。哈尔滨因交响音乐文化的传承与积淀，于 2010 年被联合国评为"世界音乐之都"。盛名之下，哈尔滨的音乐文化活动与载体面临着机遇与挑战。

通过对哈尔滨音乐活动及其场所的普遍调研，了解城市音乐文化氛围与音乐场所的总体

图 1 调研提纲结构依据

图 2 世界音乐之都整体概况

区位	南岗区	道里区	道外区
场所名称	原黑龙江省国际博览中心剧场	哈尔滨音乐厅	松光电影院
	维也纳音乐广场	黑龙江歌舞剧院	红星电影院
	哈尔滨国际会展中心	中央大街音乐集中展示区	靖宇电影院
	北方剧场	松花江畔音乐长廊	哈尔滨地方戏院
	少年宫	群力音乐谷	新闻电影院

图 3 哈尔滨音乐活动场所分布一览表

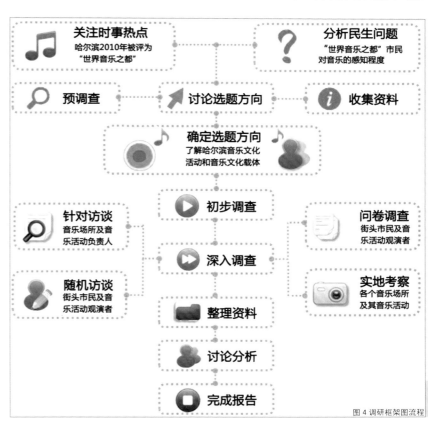

图 4 调研框架图流程

图 5 哈尔滨街头音乐活动组图

图 6 哈尔滨音乐厅及周边用地性质模型

图 8 哈尔滨维也纳音乐广场及周边用地性质模型

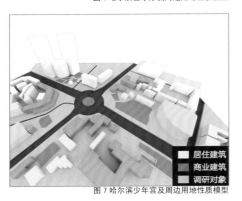

图 7 哈尔滨少年宫及周边用地性质模型

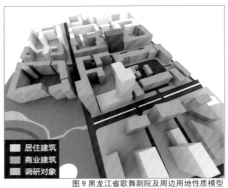

图 9 黑龙江省歌舞剧院及周边用地性质模型

19世纪末——20世纪中
哈尔滨由于早期西洋音乐的传入，在相应的文化场馆建设方面具有独到先天优势，是一座名副其实的音乐之都。

20世纪60年代——80年代
为了追求经济发展的繁荣而忽视了精神领域的建设，音乐文化载体走向衰落，落后于国内其他大型城市的水平。

20世纪90年代——现在
音乐文化又得到了重视，但由于在此方面建设存在长期空档，依然无法赶超发达城市的音乐场馆与设施的水平。

图 10 哈尔滨音乐文化载体历史变迁

松北区
群力新区
道里区
道外区
南岗区
音乐场所

图 11 全市范围内音乐场所分布概况

现状，包括市民对哈市音乐文化要素满意之处。

通过对不同类型的音乐活动场所进行重点调研，分析其现状以及在"音乐之都"背景下如何更好发展，从而使音乐文化的需求与空间的承载更好地融合，提高"世界音乐之都"的综合实力。

调研采用实地踏勘、观察、查阅文献、问卷、访谈等方法，共发放问卷 500 份，调研人群居住类型、月收入，其中街头市民发放 200 份，有效回收 193 份；音乐活动观演市民发放 200 份，有效回收 186 份；重点调研场所发放 100 份。通过市民需求与空间载体的使用情况分析，提出切实的规划建设建议。

2、第一乐章"奏鸣曲"——深厚的音乐活动基础。哈尔滨音乐类型丰富，经调研发现，交响乐与民乐是市民心中哈尔滨音乐的主导。

1）哈尔滨之夏音乐会

作为国内三大音乐会之一，"哈尔滨之夏音乐会"自创办至今经历了从业余到专业的发展历程，为音乐之都的市民提供了高水平的音乐演出。

2）哈尔滨街头音乐节

哈尔滨街头音乐节是哈尔滨 2011 年首次在城区举办的大型露天音乐公益演出活动，以街头潮流文体艺术表演为主，为广大市民提供了参加文化活动的良好契机。

3、第二乐章"变奏曲"——薄弱的音乐文化载体。哈尔滨各类音乐活动场所的变迁，不仅体现了城市音乐文化的发展历程，更体现了不同时代背景下，人们对音乐文化的感知度与渴求度。

1）"音"循守旧型

根据全市范围内音乐场所的普遍调研结果，发现哈尔滨目前仍在继续使用的剧场 70% 存在年久失修、设施陈旧等问题，许多国内外高水平团体欲来哈演出因场所问题望而却步。市民对音乐设施满意度也不高，认为音乐演出票价偏高。有同样遭遇的室内场所还包括哈尔滨话剧院等，广场空间如哈尔滨维也纳音乐广场等也存在此问题。

2）改"弦"更张型

调研发现，出于经济发展等原因，哈尔滨很多音乐活动场所已经改为他用，这些见证哈尔滨音乐历史发展的场所的消失，让人痛心疾首。如原哈尔滨紫丁香音乐厅现改做时尚餐厅，省博览中心剧场改为以购物为主的商业中心，东北电影院因多年经营不善而被拆除，原址建为体育用品商场等。

3）孤掌难"鸣"

有些场馆虽然自运营以来一直表现突出，如国际会展中心环球剧场，场馆进出的人流量较多，但由于哈市整体场馆建设滞后，这些场馆显得孤掌难鸣。

4、第三乐章"小步舞曲"——新兴的音乐文化载体。虽然哈尔滨的音乐文化载体现状并不令人满意，但我们欣喜地发现哈尔滨已在一系列近远期规划中将音乐文化设施放在重要位置，如哈尔滨群力音乐长廊，香坊音乐大道；重要的场馆如哈尔滨群力音乐厅等。

5、终乐章"回旋曲"。

1）规模与布局

14

图12 哈尔滨少年宫区位及周边环境示意图

图14 音乐文化载体改进建议示意图

图13 国际会展中心环球剧场区位及周边环境示意图

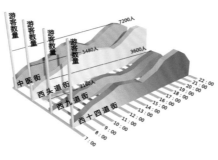

图15 中央大街四条辅街人流量统计图

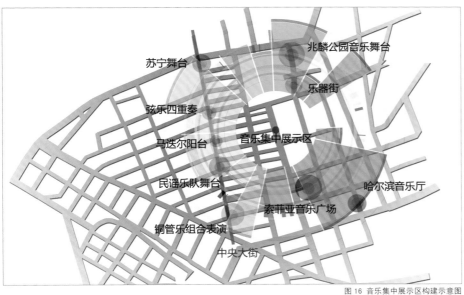

图16 音乐集中展示区构建示意图

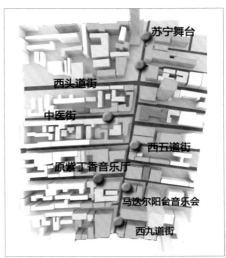

图17 中央大街音乐元素空间分布图

"因循守旧"类场所应与"虚张声势"类场所一并纳入全市音乐场所网络，互通有无。不同音乐类型场所在空间上应均质化，形成音乐文化展示集中区。

2）交通环境

场馆应建设配套的停车场地，地面停车划定固定停车位；新区的公交线路应考虑在音乐场馆处设置站点。

3）景观环境

整改附近商铺店面，禁止沿街叫卖，统一规划立面色彩、风格。增加街区绿化率，增设行人休憩座椅。

4）功能转换

场所改建不应简单地推倒重建，应在尊重建筑、尊重音乐历史的基础上进行场馆更新建设。

5）设施状况。加强设施的维护，完善设施。

6）经营状况

可通过承办公益音乐活动加大宣传力度，招商引资，完善音乐场馆的关联产业，吸引更多的潜在消费者。

7）管理状况

增加与市政部门等的沟通，完善市民意见反映渠道。

猜想

以哈尔滨中央大街作为展示区中心，将音乐元素分散至其辅街。辅街人流量少，音乐活动也相对较少。对于将中央大街音乐元素向辅街分散的建议，大部分人表示支持。

选取中央大街的音乐"触媒元素"（即催化剂），如音乐活动、音乐符号等引入辅街，激发邻近地区同质元素的连锁反应，将主街与辅街结合，成为新的"触媒元素"，进而激发到周边的音乐场所，形成具有一定规模的音乐展示区。

结语

调研过程中发现了哈尔滨作为"世界音乐之都"具有的深厚音乐文化基础，同时也认识到其在音乐文化建设等方面存在的不足。所幸，哈尔滨已在近远期规划中加速了音乐文化产业的建设，"世界音乐之都"必将再一次向世人展现其蕴含的独特音乐魅力。

3 书山有路何为径——哈尔滨市公共图书馆现状调查
The Investigation of Current Situation of Pulic Library in Harbin

学生姓名：褚筠、王鹏、刘海静、包万隆

指导教师：冷红、程文

教师评语：城市公共图书馆是城市文化建设的重要组成部分，学生敏锐地关注到当前城市中公共图书馆的现实建设情况，针对市民对图书馆的需求特征及图书馆的客观现状、图书馆相关设施的配置与分布进行了充分的调研，并进一步提出规划建议。组内同学分工明确、配合默契，调研工作细致、数据翔实、分析深入、成果丰富，具有较大的社会意义和应用价值。

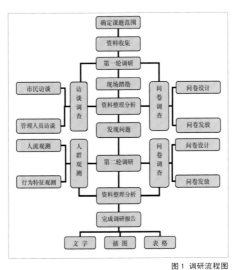

图 1 调研流程图

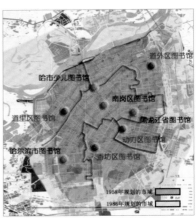

图 3 哈市市域历史变迁图

城市公共图书馆是一个城市文化建设的重要组成部分，但哈市公共图书馆的现实建设情况却不尽如人意；本课题以南岗区的三所图书馆为重点调研对象，针对市民对图书馆的需求特征及图书馆的客观现状，探究图书馆及相关设施的配置与分布的合理性，从而为其建设提供规划性建议。

1、调研基本情况说明

1.1 调研背景。城市经济建设的不断发展使得人们在追求物质生活的同时，对城市文化建设也提出了新的要求。城市公共图书馆作为城市文化建设的重要组成部分，是广大市民提高自身文化素质的重要途径。然而，哈市市民对于市内各大公共图书馆的了解情况并不尽如人意，公共图书馆并没有发挥出应有的作用。

1.2 课题确立。在对市民的问卷调查中发现，有 88% 的市民不知道省级图书馆的存在，有 48% 的市民从没去过或极少去图书馆，有 16% 的市民认为图书馆是供特定人群学习的场所。怎样拉近市民与图书馆之间的距离，广大市民需要什么样的图书馆，图书馆应建设到什么程度，是本次调查希望明确的问题。

1.3 调研流程。本次调查分两轮进行。第一轮调查着重于了解广大市民对图书馆的使用情况以及哈市图书馆的现状，调研方式以现场踏勘、发放问卷和访谈为主，调研工作分为 3 个部分。第二轮调研重点关注使用人群对图书馆的需求和行为特征，调研地点进一步确定为黑龙江省图书馆、哈尔滨市图书馆和南岗区图书馆，调研方式以问卷发放、人流观测为主。我们最终选择了黑龙江省图书馆、哈尔滨市图书馆、南岗区图书馆三所位于南岗区的公共图书馆作为调研的主要对象。

1.4 现状概况。哈尔滨市位于黑龙江省南部，由七区十二县组成。哈市中心城区共有 7 个区级以上公共图书馆。哈市公共图书馆网络初步形成于 1958 年，其后"文革"期间遭到了严重的破坏；党的十一届三中全会后全面复苏，现有的图书馆网络就是在那时形成的。但随着城市的扩张、人口的增长，原有的图书馆网点布局已满足不了现今市民的需求。

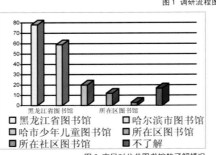

图 2 市民对公共图书馆的了解情况

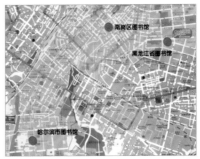

图 4 调研对象的位置分布

图书馆名称	总建筑面积	拥有阅览座席数	馆藏数	年/日接待读者人数
黑龙江省图书馆	33000 m²	1200 余个	350 万册	3000 人/日
哈尔滨市图书馆	20500 m²	1000 余个	220 万册	2000 人/日
南岗区图书馆	3000 m²	300 余个	6.5 万册	250 人/日
道里区图书馆	834 m²	120 个（实际使用 40 个）	10 万册	30 人/日
道外区图书馆	576 m²	94 个	12 万册	30 人/日
动力区图书馆	140 m²	30 余个	10 万册	20 人/日
香坊区图书馆	1000 m²	30 余个	1.6 万册	30 人/日

图 5 哈市公共图书馆基本情况

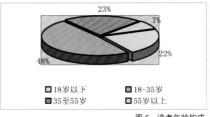

图 6 读者年龄构成

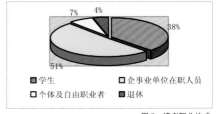

图 7 读者职业构成

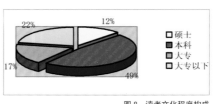

图 8 读者文化程度构成

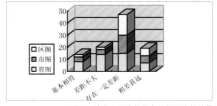

图 9 读者心目中的图书馆与现实的差异

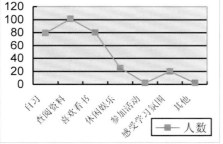

图10 读者来图书馆的原因

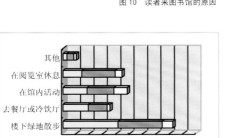

图12 读者长时间阅读后的活动倾向

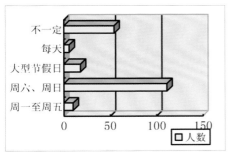

图14 读者经常来图书馆的时间

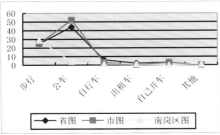

图15 读者来图书馆的交通方式统计

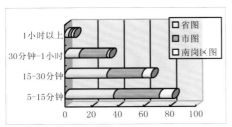

图17 读者到达图书馆时间统计

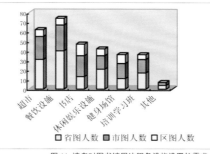

图11 读者对图书馆周边服务设施设置的需求

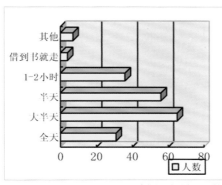

图13 读者在图书馆度过的时间

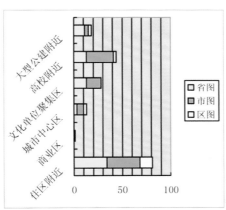

图16 读者对图书馆设置区位的倾向

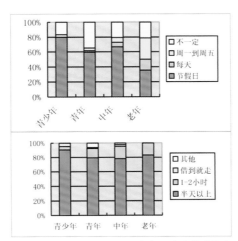

图18 不同年龄与来馆、在馆时间的关系

2、调研结果与分析

2.1 使用人群基本情况。通过对读者的年龄、职业构成及文化程度的数据分析，进而得出其对读者使用需求的影响。

1）读者群以青年为主体。对图书馆读者人流观测的结果显示，其中48.2%为青年，老年人仅占7%。在读者群以青少年为主体的情况下，图书馆的设施服务也应重点考虑青少年的需求特点。

2）职业构成多样化。读者职业调查结果显示，其中学生所占比例为38%，企事业单位在职人员占51%，其中专业技术人员占23.6%；退休、个体经营及自由职业者占11%。职业多样化相应地要求图书馆服务设施多元化，综合化。

3）读者文化程度普遍较高。读者中，企事业单位在职人员、退休人员、个体及自由职业者的文化程度普遍较高，大专以上读者占到78.2%。较高的文化需求相应地决定了图书馆的专业化方向。

4）读者居住地分布具有就近性。三所图书馆中，读者居住地点分布密度较高的区域都在图书馆附近，以区图书馆最为明显。密集范围普遍为步行30分钟以内距离。

2.2 读者使用意愿与行为特征。

1）读者对图书馆的建设现状满意度不高。在调研中发现，65%的读者认为现在图书馆的各方面建设同理想中的图书馆存在着较大的差距。访谈得知，多数读者认为图书馆的阅读环境不理想，在规模、内部设施布局、书籍配置上存在着问题。部分读者认为图书馆应该提供多样化的服务，比如餐饮、休闲、交流等服务，而不仅限于阅读。

2）读者使用意愿与功能空间现状存在差异。读者使用意愿的多样化使他们对图书馆功能空间的种类、规模以及布局提出了主要功能空间、附属功能空间的不同要求。通过对主要功能空间进行问卷调查发现，有84%的读者来图书馆是出于工作学习需要，包括自习和查阅资料等。占全部使用人群1/3以上的学生读者到图书馆的目的以自修为主，这就造成了自修空间不足、阅览座位被占用的现象。

在附属功能空间的需求方面，读者除了对阅读的需求，还普遍存在着对餐饮、文印、交流、休闲、购书等的多方面需求。通过调查问卷发现，需要在图书馆度过全天的读者中，有36.1%的读者因为没有餐饮设施而只好省略中餐。针对这个问题，有68.4%的读者希望增设餐厅或超市来解决就餐问题。

3）读者在使用时间上较为集中。读者在使用时间上较为集中，77.9%的读者希望图书馆晚间也能开馆，而哈市公共图书馆均在下午5点闭馆，与读者的使用需求存在差异。

4）读者出行方式与交通时间的倾向性明显。在出行方式的选择上，对于省、市级图书馆，读者首选交通方式为乘坐公车，比例分别为56.3%和62.7%；而区级图书馆的读者中有80.6%采用步行的方式，乘坐公车的比例仅为11.1%。

5）读者意向与图书馆区位选择存在相关性。40.7%的读者希望图书馆能设置在住区附近，区图书馆的读者中这一比例达到了59.1%。

2.3 不同使用人群对图书馆使用需求的差异分析。

1）不同年龄层次对图书馆使用需求的差异。青年群体作为图书馆里的活跃群体，需求呈现多元化的特征，图书馆单纯的学习功能已不能满足这类人群的需求；中老年人群的需求则相对单一，他们更在意图书馆是否有完备的学习设施，是否专业。图书馆的建设势必要从这两方面入手才能满足市民的需求。

2）不同职业构成对图书馆使用需求的差异。学生群体在馆停留时间长，独立能力较差，更需要有完善的餐饮服务设施；个体及自由职业者工作时间不固定，不能满足其足够的文化学习需求，因此对于培训学习设施关注更多。

2.4 图书馆客观现状及使用情况。

1）区位的选择对于读者群有较大的影响。三所图书馆的区位状况各具特点：省图位于开发区，周边多为大型建筑及政府行政单位；市图位于学府路上，周边各大高校及科研单位云集；南岗区图书馆靠近哈市商业中心区，周边商企金融单位、文化娱乐单位相对集中。

2）读者分布与交通可达性存在一定差距。三所图书馆均位于城市主干道旁，交通便利。省、市级图书馆不存在服务半径上的概念，但有客观可达上的需求。

3）图书馆周边基础服务设施匮乏。省图周边商业服务设施与餐饮娱乐设施丰富，但价位较高，无法满足普通市民读者的使用需求；市图靠近服装城一侧有较多自发形成的流动摊贩及小型餐饮设施，但卫生状况不佳，读者同样不便使用；区图周边也存在类似情况。

4）图书馆功能空间设置单一。区级图书馆内部，通常只建设了阅览室和自修室，二者占据了 80% 以上的空间，且其种类单一、内部建设不完备。其他类型的功能空间如报告厅，即使存在也通常被占用作补习培训班。餐饮、文印、交流等必要的辅助功能空间在哈市公共图书馆中普遍建设不足。

3、总结与建议

3.1 调研情况总结

哈市图书馆面临读者需求日趋多样化、辅助设施建设滞后严重、与周边环境的相互作用消极等多方面问题。应在满足读者需求和合理利用资源的要求下，公共图书馆应朝管理一体化的方向发展，形成总分馆体系，同时加强基层图书馆的建设。

3.2 具体建议

1）将图书馆内部功能空间按人群特征作进一步划分，按需求比例分配功能空间的数量。增设针对青少年群体的自修室等。

2）延长图书馆开馆时间，增加节假日活动。

3）增设小型餐饮服务设施，加强室外场地的氛围建设。

4）增强图书馆外环境的可识别性，避免商业对场地的侵入。

5）加强与周边文化单位的互动，形成以图书馆为主线的文化中心区，进一步扩大影响力。

6）在步行盲点区域增设社区图书室，并加强其与省、市、区图的共建关系。

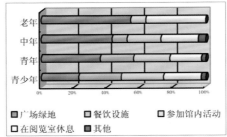

图19 不同年龄与休息方式的关系

■ 广场绿地　■ 餐饮设施　□ 参加馆内活动
□ 在阅览室休息　■ 其他

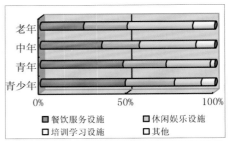

图20 不同年龄与服务设施选择的关系

■ 餐饮服务设施　□ 休闲娱乐设施
□ 培训学习设施　■ 其他

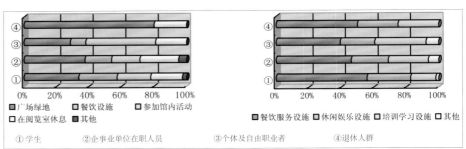

■ 广场绿地　■ 餐饮设施　□ 参加馆内活动
□ 在阅览室休息　■ 其他

■ 餐饮服务设施　□ 休闲娱乐设施　□ 培训学习设施　■ 其他

① 学生　② 企事业单位在职人员　③ 个体及自由职业者　④ 退休人群

图21 不同职业与休息方式的关系　　　　图22 不同职业与服务设施选择的关系

图23 省、市级图书馆公交直达路线分布　　图24 省、市级图书馆公交直达路线分布　　图25 哈尔滨市图书馆读者分布

黑龙江省图书馆

哈尔滨市图书馆

南岗区图书馆

居住用地　　医疗卫生用地
工业用地　　公共绿地
商企金融用地　防护绿地
仓储用地　　体育设施用地
教育科研用地　文娱设施用地
行政办公用地　水域

图26 图书馆周边用地性质图

图27 南岗地区图书馆分布步行盲点图

图28 图书馆周边基础服务设施匮乏

4 80 新颜，08 旧貌——哈尔滨新发小区实证调研
The Empirical Research of XinFa Community in Harbin

学生姓名：黄席婷、刘邦、廖春

指导教师：冷红、程文、郭嵘

教师评语：学生选择哈尔滨在改革开放之初最早实施的大规模棚户区更新改造项目——新发小区为调研对象，聚焦于小区就地安置原居民近30年后面临的新问题，对其居住人群特点、户外环境质量、配套设施情况、居民满意度及需求意愿等开展深入的调研和分析，调研成果丰富，数据翔实，能够为城市旧区更新改造方式提供建设性思考，具有重要的现实意义。

单纯的棚拆改建并不意味着棚户历史的终结，本报告试图从探索哈尔滨市20世纪80年代动迁改造的新发小区实态调查入手，综合运用多种调研方法，从城市规划角度探索经历大规模住房改造，就地安置原居民后小区的发展现状，深入了解居民对社区的认同感和需求，总结现存的主要问题，为巩固棚户改造成果和改善居民居住生活条件提出可行建议。

1、绪论。20世纪80年代哈尔滨市政府规划部门在全市范围内进行大规模棚户改造建设，其中以新发小区为最大改造项目。经过30年后新发小区的发展前景并不容乐观，部分居民拖欠各种费用并造成楼房破损，出现高密度"楼房棚户"的趋势。

最终确定调研范围为A、B、C、D四个区，调研范围北接东大直街和一曼街，南临马家沟河，西起燎原街，东至宣化街，宽城街、花园街横穿小区内部。A、B、C、D分属三个社区管辖，共48栋楼，其中动迁楼40栋，商品楼13栋。

调研第一阶段：实地走访新发小区，试发问卷确定调研课题的可行性；进一步确定调查范围，综合运用问卷、访谈和观察的调研方法。第二阶段：运用问卷、访谈和观察法，深入了解居民情况。

2、实证调研

2.1 居民获得住房方式。通过问卷调查发现小区内常住居民获得住房方式包括：动迁买断、租住公房、单位分配和自购商品房，其中以动迁买断和租住公房居多，占81%。近年来大量租房者成为小区居住组成的一个重要部分。

2.2 居民基本情况。年龄结构方面存在人口老龄化趋势，家庭收入方面总体收入偏低，职业结构方面退休、失业人员较多，邻里关系方面常住居民和外来租房者关系不容乐观。

2.3 居住状况。

1）住房条件。小区内住房用地面积占总用地面积的42%，且住房多为8层和9层（均无电梯），采用围合式布置，楼间间距较小。小区动迁楼户型多为居室型，最小的达到21m²。小区内有1200户住房存在严重质量问题，占18%，56%的居民对供暖表示不满。

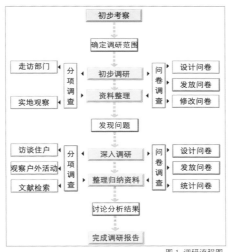

图1 调研流程图

图2 调研范围图

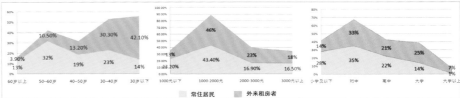

图3 居民年龄组成情况　　图4 居民收入组成情况　　图5 居民文化组成情况

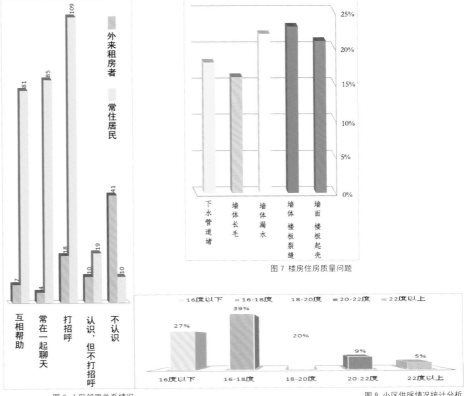

图6 小区邻里关系情况　　图7 楼房住房质量问题　　图8 小区供暖情况统计分析

2）户外环境。户外环境是居民居住生活的重要组成部分，为此我们针对小区的场地设施和绿化、场地利用、环境卫生及道路情况进行调研。普查得知小区共 28 个院落，10 个被锅炉房、车棚、洗车场等占用，2 个无任何设施。其他 16 个小院中零星地布置有健身设施、座椅、亭子、景观小品、路灯等。观察发现居民对马家沟公共绿地的利用频率较高。整个小区内卫生设施缺乏，仅有两个垃圾桶。宅间路和宅间绿地上常堆放着居民生活垃圾。小区内没有停车场，车辆直接停在道路中央和宅间空地上，停车组织混乱。

2.4 小区管理。管理新发小区的物业公司为花园物业，该公司属于自负盈亏的国有单位，从 2004 年开始接管新发小区。社区活动主要通过周围邻居，56%居民对于居委会的工作不了解，社区组织的活动年轻人完全不知道。

3、居住生活形态的满意度及相关意愿

3.1 满意度调查。居民对周边公共服务设施、社区治安和风尚、子女受教育情况以及居委会工作满意度较高，而对小区卫生环境、物业管理、住房情况及自身生活满意度较低。

3.2 居民搬迁和改善意愿。大部分居民不希望搬迁，对于小区内的配套设施，居民普遍反映需要照明灯、健身器材、座椅、亭子以及公厕。居民比较看重工作环境条件，福利待遇和工作劳动强度，大部分不愿从事服务行业的工作。

4、调研分析与总结

4.1 就地安置的益处

1）城市中心生活方便。新发小区位于城市中心地带，周边富集城市公共绿地，交通便利，医疗、教育及商业服务设施完善，使居民节省部分生活成本。

2）马家沟绿地"捆绑"式改造，居民受益匪浅。马家沟从当时的臭水沟转变为今天可供休闲的城市绿地，向广大市民敞开的同时，弥补了新发小区自身绿地和场地设施的不足。

3）社区网络得到维护。新发小区形成其特有的内部网络，一部分居民解放之前就在此居住，他们大部分来自山东和河北，有相同的文化背景，彼此较熟悉，就地安置使得以前住小平房的邻居依然住在同一栋楼里，邻里关系依然很亲密。

4.2 住区的问题与矛盾分析

1）大规模集中改造留下后遗症。小区在规划设计时容积率允许很大（新发小区就是在"报7批8"的标准下建设的），过高的建筑密度和容积率必然带来很多问题。

2）失业人群再就业困难。小区周边主要是电子商城、超市和餐饮店等服务类行业，对于员工的年龄要求较高，而小区内失业者多 40 岁以上，缺乏竞争力，而且他们大多也不愿意从事此类行业，就业形势十分严峻。

3）流动人口的涌入影响居民居住生活。在新发小区中大部分外来租房者从事服务行业，长期深夜回家，且上下楼声音大，严重打扰居民休息，一些租房者在楼道小便、随手往楼下及下水道扔垃圾等更加剧了居民的厌恶心理。

4）物业收费与居民需求矛盾突出。物业收费标准低、利润少，与居民需求之间存在很多矛盾。

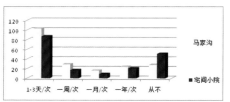

图 10 居民对马家沟、宅间小院利用情况

图 9 户外场地设施分布情况

有活动设施　无活动设施　场地被占用

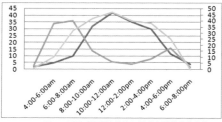

图 11 不同时间段马家沟河活动人群数量变化情况

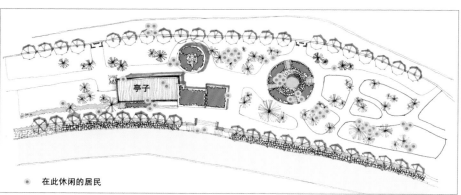

在此休闲的居民

图 12 马家沟人流聚集点分析图

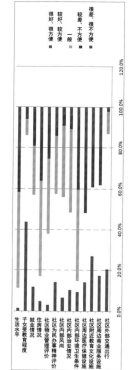

图 13 居民生活满意度调查统计

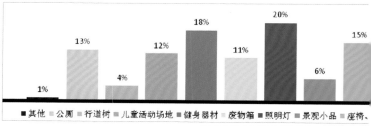

图 14 居民对小区配套设施需求调查

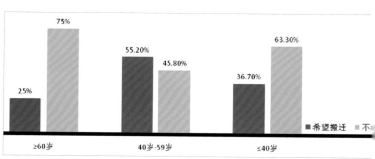

图 15 居民搬迁意愿调查

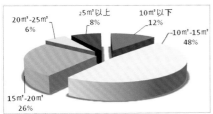

图16 居民人均住房面积需求

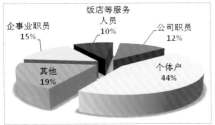

图17 居民再就业倾向

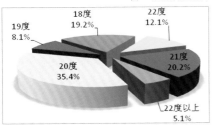

图18 住房供暖需求

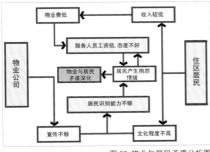

图22 物业与居民矛盾分析图

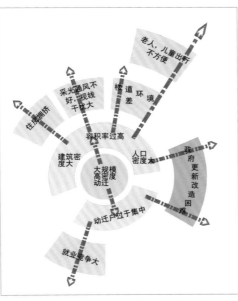

图19 大规模改造问题分析图

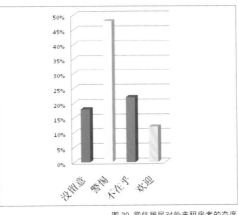

图20 常住居民对外来租房者的态度

5）小区内居住差异较明显。小区内动迁户，商品房住户各自聚集，相互之间交流很少。与动迁户不同，商品楼居民多拥有固定的工作，收入稳定，环保意识较强，因此商品楼楼道卫生良好，单元门、楼道窗户也都维护较好。

5、相关建议

5.1 对于改善现状的建议

1）政府主导，实施保障。投入资金用于维护居民住房，更换老化管道，增添必要的公共服务设施，如路灯和垃圾筒。拆除违章占用小区宅间绿地的停车棚和洗车场等，用于建设宅间绿地，此外，还要加强民政救助力度。

2）街道和居委会落实工作。增设再就业介绍所，提供免费的岗位培训，提高低收入群体的谋生能力。认真调查判断小区内低收入家庭，让真正的困难户享受政府福利。与派出所互相协调，加强对流动人口的管理。

3）加强社区公众参与力度。物业应放低姿态主动与居民交流，而且收支向居民公开，在居民中积极宣传爱护环境卫生和公共设施的美德，让居民自己参与到社区美化与建设中来。

4）促进群体融合，适度多样化混居。兼顾不同阶层的利益，同时考虑外来流动人口的利益。可通过住区管理机构组织公众活动，营造积极向上，有活力的住区氛围，让外来人员逐渐融入社区，使住区多样发展。

5）关注社区老人需求。由于社区人口老龄化，应更多地考虑他们的需求，提供相应活动场地和适当提高供暖温度，使他们安享晚年。

5.2 对于今后棚户改造的可行性建议

1）就地安置，充分利用地理优势资源"捆绑"式开发。

2）避免改造规模过大，适当控制容积率。

3）重视基础设施建设和停车场地的预留。

4）户型设计突出适应性，满足家庭结构变化带来的需求变化。

5）改造建设需加强公众监督，对居民需求进行调查。

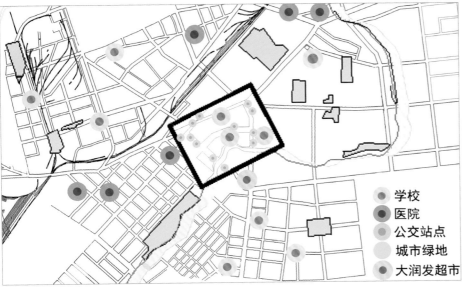

图21 周边公交站点和公共服务设施分析图

学校
医院
公交站点
城市绿地
大润发超市

5 边缘的"权利"——哈尔滨市阿城区公交车变身农村学生送子车

The Research of Rural School Bus in Acheng District of Harbin

学 生 姓 名：周国强、周骁、李淑媛、唐亚南

指 导 教 师：陆明、邢军

教师评语：本方案参赛者针对偏远乡村儿童上学难问题，调查研究了哈尔滨市阿城区公交车兼作偏远乡村送子车这一解决方案的实施情况。在此基础上，参赛者将这一做法与专用校车等其他送子方式进行了对比，从运营管理、资金来源、安全保障、生态环保等方面进行综合分析，得出这一解决方案对经济落后农村地区具有可行性和推广价值的结论。该方案选题紧扣"关注民生，利用管理手段解决城市交通问题"这一竞赛主题，调查详细深入，数据详实可靠，分析有理有据，突出了公交车兼作偏远乡村送子车这一解决方案中政府主导、市场运作、企业参与、部门监管的多方共赢的特色。竞赛方案表达条理清晰，阐述充分，表现出参赛者较为宽阔的社会视野和较扎实的知识和理论基础。

图 1 哈尔滨市阿城区"撤校并点"现状及农村孩子"上学难"分析

在狂飙突进的"撤校并点"运动的大背景下，农村学生因为学校离家远，普遍存在"上学难"问题。解决方案为"政府主导、市场运作、政府补贴、部门监管"模式。

方案实施细节：多方合作保驾护航

教育局收集整理学校和家长反馈，联系公交公司及时调整运行线路、时间、等候地点等细节问题，为日后更大范围推广积累经验。交通部门在全区各级各类学校前设斑马线 45 处、警示标牌 82 块、警示桩 160 根，农村地区学校基本实现交通要道警示标识全覆盖。交警现场免费检测接送学生公交车，免费张贴接送学生公交车统一标识。送子公交车每天最早班 6 点 30 分发车，最末班 19 时发车，专车接送近千名农村学生上下学。公交公司根据住宿生周五回家周日返校而增加乘车学生数量的实际情况进行送子公交车数量的灵活调度。

不同送子模式对比：送子公交模式的优越性

农村学生无法就近入学的情况在全国普遍存在，在符合国家标准的校车较难普及以及农村学生路远上学难的两难境地下，有效地解决农村学生上学的实际困难，方便农村学生上学成为亟待解决的全国性民生问题。其他省市在实践过程中，也不断地进行着摸索和探讨，形成三种农村送子主流模式：采购专用校车、合租拼乘私家车、家长摩托接送。

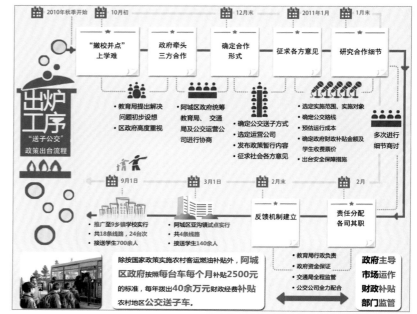

图 2 解决方案——政府"买单"公交"加班"

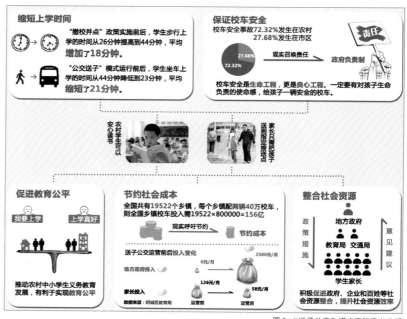

图 3 "送子公交"模式实践意义分析

| 公交送子 | vs | 专业校车 | 合乘拼车 | 家长摩托 |

政府统筹教育局、交通局**明确责任**划分，签署责任状，完成校车从没有明确责任归属到各个环节有专人负责的转变。

政府依赖运输企业运营校车，商人始终以**利益**最大化为目标。在校车项目里政府公益与企业利益的博弈，让人担忧。

合乘拼车通常由几个家长自行联系组合，与校车相比较关系是临时的，仅凭**利益维系**的，安全性得不到保证。

自家摩托送子属自家解决自家问题，责任明确。但农村留守儿童比例大，家中仅有年迈老人，使得该方式**难以在家家实现**。

图4 "公交送子"运营管理分析

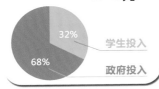

| 公交公司 | 政府每月补助每台车 |
| 政府补助 学生交费 | **2500**元 学生每天交 **2~3**元 |

| 当地企业 | 企业购车约**24万**/台 |
| 政府补助 学生交费 | 政府每年补贴每台车**12万**元维护费 |

| 出租车 | 学生每月约交**300**元，油费和检车费等由司机支付 |
| 学生交费 车主维护 | |

| 家庭自给 | 平均车价 **3万**元 |
| 家庭自给 | 自家支付油钱，约**6角**/公里 |

图5 "公交送子"资金来源分析

车速25km/h各用车排放因子（g/km）

13.2	0.34	6.33	0.32	5.23 0.75	7.64	HC
73.0	1.83	2.40	47.9	5.50 38.5	24.1	CO
2.7	0.07	0.07 1.47		1.54 0.22	0.28	NOx

总排放量

人均排放量

虽然从车辆本身污染排放量上看"送子公交"模式并不占优，但因每单位车载学生数量大人均排放污染物少，相较其他模式更加生态环保

图6 "公交送子"生态环保分析

综述与展望：

　　在这四种送子模式中，"公交送子"模式相较于其他三种模式有着合理的资金投入比例、明确的责任划分、合格的车辆与司机和公共交通生态环保等优越性。尽管符合国家标准的校车在许多方面都比这种"公交送子"车有优势，但对于经济落后的农村地区而言，"公交送子"模式更能因地制宜地解决实际问题。阿城区政府主导，责权分明，多方参与的"公交送子"在解决农村学生上学难问题上为全国广大农村起到了较好的示范作用，其实践证明这种形式具有一定的可行性和推广价值。我们相信，通过社会各界人士的共同努力，一定可以让更多的农村学生有车可乘，有学可上，促进城乡和谐发展，交通健康前行。

6 朝"私"暮"享"——高校错时停车模式调研
The Research of the "Exchange Time" Parking Mode in Universities

学生姓名：李硕、朱琦静、那慕晗、曹宇

指导教师：陆明、董慰、邢军

教师评语：该调研报告选取高校错时为教职工和周边居民提供停车资源的解决方案作为研究对象，探究在时间层面上如何实现有限空间资源的最大限度利用，如何实现经济、社会以及文化的综合效益。该调研报告通过详尽的现场调研和部门访谈，大量的问卷调查与分析，提炼现行做法的运作模式、产生效益以及存在问题，并提出改善方案，使该解决方案具有更好的可操作性和可推广性。

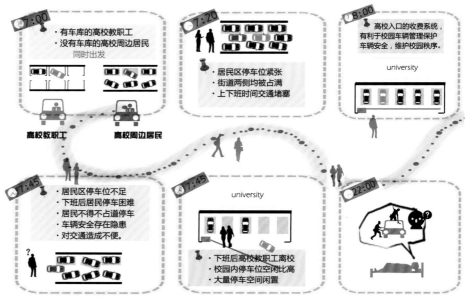

图 1 错时停车实施前现状分析

1. 调研背景

调研时间：普通工作日的 7:00 ～ 12:00

调研地点：某高校校园及其周边停车场

调研目的：高校车流具有明显的"潮汐"交通特征，其停车空间也呈现明显的使用不均衡现象。而周边居民停车空间严重不足，尤其晚间车位可谓是"一位难求"，一些车辆占道停车，不仅严重影响城市交通，车主的车辆安全也得不到保障。

调研步骤：实地调研→走访部门→资料收集→问卷调查→针对访谈→整理资料→讨论分析→完成报告。

目前一些高校校园内的停车场不对外开放，位于高校居民区内的停车位非常有限，导致许多居民将车停在道路两边，随着私家车保有量的增多，车流量稍大，此区域堵车日益严重，尤其每到上下班期间，其停车位更为紧张，而此时段与高校内停车时、空间存在较大差异，高校内停车场出现空闲，空间资源浪费。

2. 模式调查
2.1 问卷调查

在高校校园内部和校园周边的居民区进行了问卷调查和针对访谈，问卷共发放 100 份，有效问卷 83 份。受访人群 46.9% 为教职工，53.1% 为附近居民。结果显示，居民普遍希望高校开放错时停车，在校师生则持怀疑态度。居民支持率为 89.6%，师生支持率为 18.8%。

图 2 错时停车实施前现状照片

是否开车上下班？

是 80.7%　　否 19.3%

您每晚将车停于何处？

校园内 27.7%　　居住区内 43.3%　　街道上 29%

学校提供停车位，您是否愿意停放？

是 83.1%　　否 16.9%

每月为停车付费？

100以下 32.5%　　100~300元 59%　　300以上 8.5%

在本校停车的合理付费？

100以下 57.8%　　100~300元 34.9%　　300以上 7.3%

"错时停车"有益于学校和居民？

是 71%　　否 29%

图 3 问卷调查结果统计分析

2.2 错时停车实施后

当高校允许居民夜晚停车，早上居民从高校离开，错过教职工的停车时间，居民占道停车的现象得到缓解，拥堵的路段也变得畅通，下班后，教职工离开停车场，错开居民进校停车时间，空间得到最大限度的利用，居民的停车难和车辆安全问题得到一定解决。

3. 调研分析

3.1 停车区域调查

为了深入了解校园错时停车措施实施前后的情况，我们对某大学校园内部停车场情况做了调查统计。

3.2 停车魔方

为解决校园周边停车的难题，同时解决校园内空间闲置的问题，专门设计了"停车魔方"这种互利共赢的形式，从解决原有停车模式存在的问题入手，进行校园停车的空间置换并加强监管。

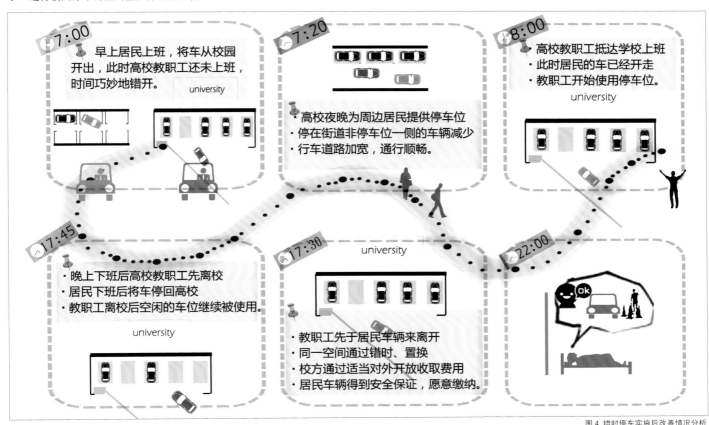

图 4 错时停车实施后改善情况分析

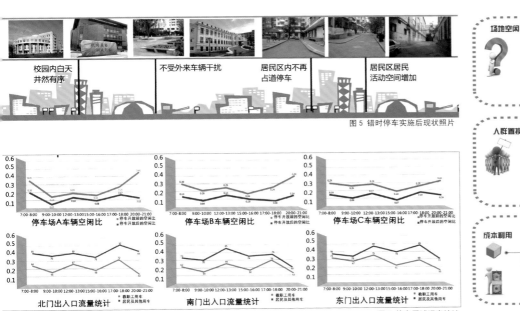

图 5 错时停车实施后现状照片

图 6 停车区域调查统计

图 7 停车魔方

3.3 昼夜时间的置换

在校园空间停车置换的基础上，进行停车昼夜的时间置换。缓解夜晚校园内部空间闲置而校园外部街道与居住区内空间拥堵问题，白天车主将停放于校园内的车开走，避免干扰校园生活。

3.4 校园停车的参与因素

校园停车的参与因素有社会交通、周边居民、校园停车场、教职工团体、学校团体和学生团体。

4. 实施展望

4.1 实施建议

在校园停车模式实施后，应做好后续的管理协调工作，避免外来人员和车辆的到来而产生的干扰，具体包括收费制度、监督制度、收费应用和规范车辆。

4.2 模式展望

1）商业——学校。校园停车模式的适用范围是有限的，当校园周围为商业圈时，此模式并不适用。商业圈对学校的安全与秩序造成干扰，过多车辆人流破坏校园师生正常生活。2）居住——学校。校园停车模式的适用范围是：当校园周围为居住圈时，周边居民有停车需求。居住圈内人群较固定，安全有保障，车流量适量，不会对学校造成过分干扰。3）昼夜——寒暑假期。由于校园这一场所存在特殊性，寒暑假场地会有闲置情况发生，因此该模式可以推广到寒暑假期，寒暑假时段，此时校园内师生较少，干扰会较低。

图 8 昼夜时间置换分析

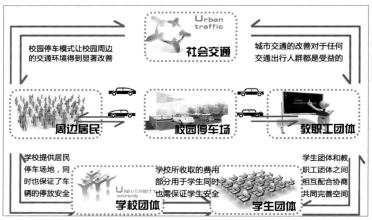

图 9 校园停车参与因素分析

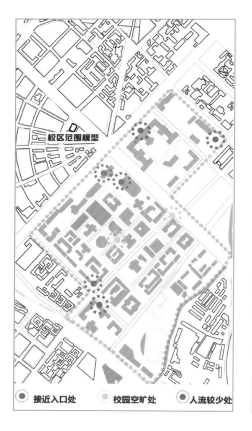

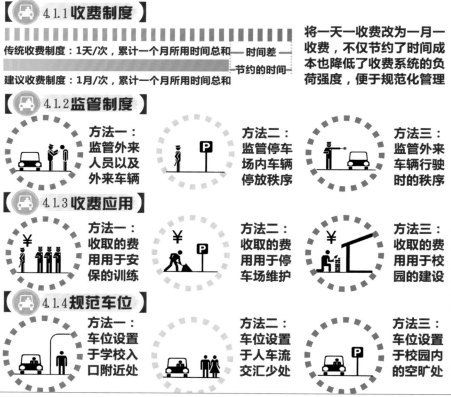

图 10 实施建议分析

图 11 模式展望分析

城市景观设计
Urban Landscape Design

课程要求：

　　本课程通过实际地段的预先设计，使学生了解景观的基本概念；建立景观设计观念与思维；进一步掌握景观设计相关理论，掌握基本的景观设计方法，熟悉景观设计过程，培养学生从景观设计角度发现问题、分析问题、解决问题的能力，为适应日益综合、宽泛的设计领域要求奠定基础。课程要求在哈尔滨市区内选择适于生态公园景观建设的、面积为3～30公顷的基地，对地段及周围地区环境进行深入细致的调查研究，重点分析其现状用地的生态基础条件等方面存在的问题及机会。在深入研究的基础上，合理确定该地段的景观设计目标和设计概念。运用景观设计的理论和方法，对本地段进行预先设计。

课程学时：

　　56学时+集中周

学生姓名：李硕、李策、谢雨婕

指导教师：吴远翔

教师评语：该组同学学习态度认真、严谨，能较高质量地完成课程的阶段性设计成果。在设计过程中，该组同学能根据所选择的研究方向与主题进行较为深入、系统的资料查阅与案例分析，从而保证了设计的深度和理论面的拓展都达到良好的要求。设计方案根据地段所处的区位条件和水体情况，提出了以人工湿地净水为核心的生态概念，综合考虑为周边居民和城市提供服务，对城市生态公园进行了较为深入、系统的设计。设计方案在为城市服务和观览人群设计的方面应进一步深入，并强化艺术体验的效果，以更好地完善方案。方案表达清晰、明确，特别是生态设计概念的阐述、湿地净水的分析和景观节点的表达很好地体现了设计思想，图面简洁、色彩明快、尺度准确。

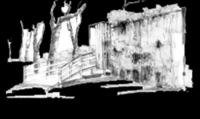

DESIGN OF URBAN WETLAND PARK

持续自然 城市湿地生态公园设计

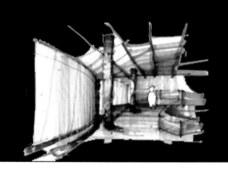

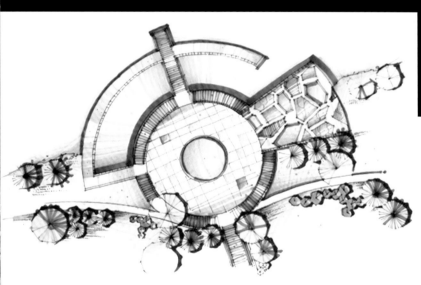

中心广场平面图

水体设计

垂直花园剖面示意图

DESIGN OF URBAN SWAMP PARK
城市湿地生态公园设计

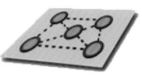

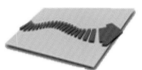

湿地浅水区植物分布

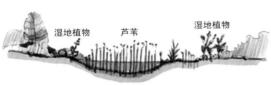

湿地植物　芦苇　湿地植物

湿地深水区植物分布

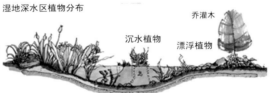

乔灌木

沉水植物　漂浮植物

图例

垂直花园广场　岛状湿地　休息平台　湿地生态博物馆

沉淀池　湿地滩涂　入口广场

芦苇荡　水上森林

观赏栈桥

N

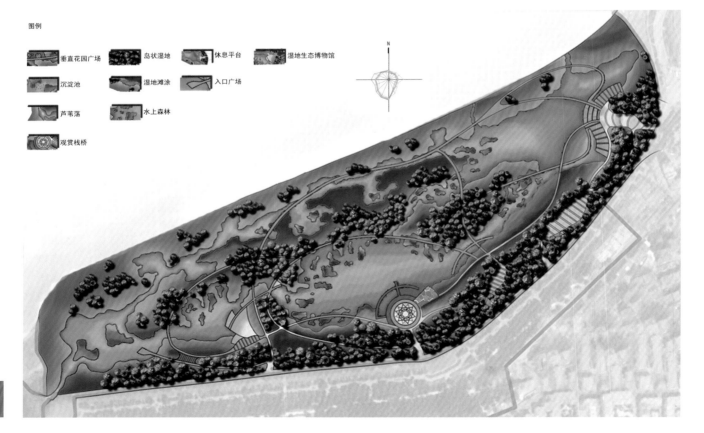

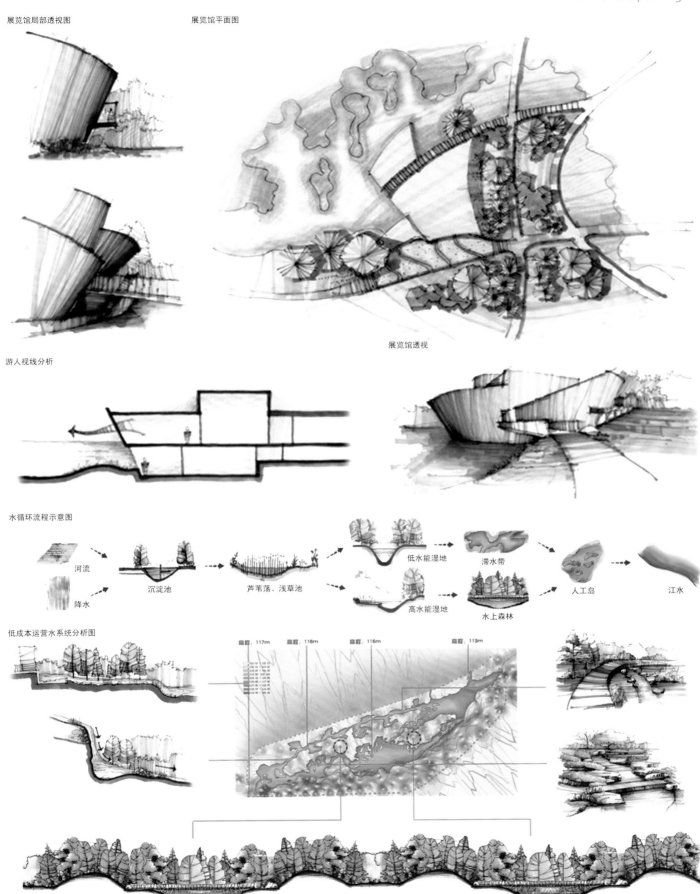

展览馆局部透视图

展览馆平面图

展览馆透视

游人视线分析

水循环流程示意图

河流

降水

沉淀池

芦苇荡、浅草池

低水能湿地

高水能湿地

滞水带

水上森林

人工岛

江水

低成本运营水系统分析图

DESIGN OF URBAN SENSORY ECO-PARK

都市感官生态公园设计

学生姓名：周骁、张艺帅、朱超

指导教师：冯瑶

教师评语：1、立意方面：鉴于各类城市污染，造成了人们感官体验的缺失，通过生态科技手段改造市中心区的城市公园，营造融合各类合感官的生态体验空间；关注弱势群体，引入通用设计理念，实现各类人群共享景观生态资源；

2、设计特色：首先通过GIS技术改造公园内的地形、地势，设计全感官的生态体验空间；设计生态体验环节，如植物认领等加强人与环境的互动，提倡低碳环保生活；基地位处马家沟河河畔，通过雨洪系统设计来解决马家沟河泄洪问题，并预防城市内涝问题，具体采用控制城市径流和线行种植技术；以此为例，在哈尔滨市公园系统中推广都市生态公园效应，并在马家沟河流域进行雨洪系统的线性扩展。

3、创新点：通过城市生态公园设计解决感官体验缺失的问题；采用控制城市径流和线行种植技术实现雨洪管理，以解决河流泄洪和城市内涝问题，具有前瞻性及现实意义。

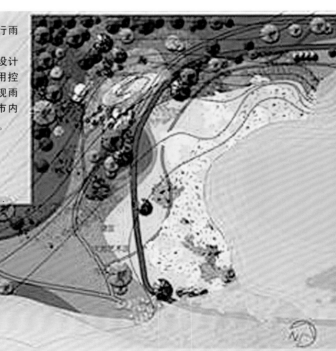

1: 1300

33

学生姓名：张德宇、李格格、张烨
指导教师：冯瑶

教 师 评 语：1、立意方面：充分考虑寒地城市冬季漫长不适宜人群户外活动的问题，以人体活动适宜温度24℃为设计的切入点，在覆土条件下创造可四季使用的生态公园。

2、设计特色：通过调研掌握基地——原水上公园的地形、地势特征，定位河岸湿地为生态核心区，并运用GIS技术进行地形改造，以实现其预期的生态效应和景观效应；通过覆土设计实现地上、地面与地下共享的多层景观空间，营造适合人与自然和谐共生的环境；通过各种生态与景观体验，加强人与自然的联系，同时也考虑了各类人群对生态与景观的不同需求。

3、创新点：针对寒地城市气候特征，设计适宜人群活动的景观体验和生态体验空间，是具有现实意义的尝试；同时对景观设计参数化的可能性进行了初步探索。

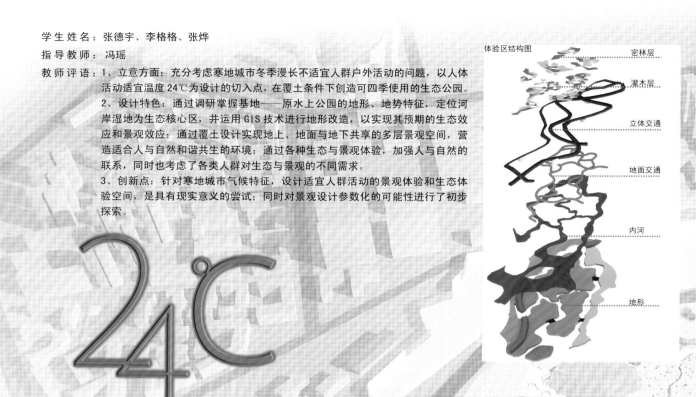

体验区结构图

密林层
灌木层
立体交通
地面交通
内河
地形

24℃
生态公园设计 DESIGN OF ECO-PARK

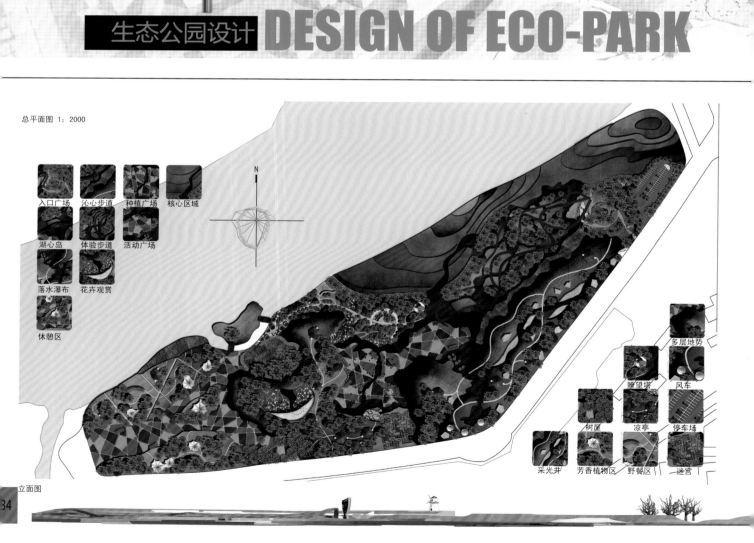

总平面图 1：2000

N

入口广场　沁心步道　种植广场　核心区域

湖心岛　体验步道　活动广场

落水瀑布　花卉观赏

休憩区

多层地势

瞭望塔　风车

树屋　凉亭　停车场

采光井　芳香植物区　野餐区　迷宫

立面图

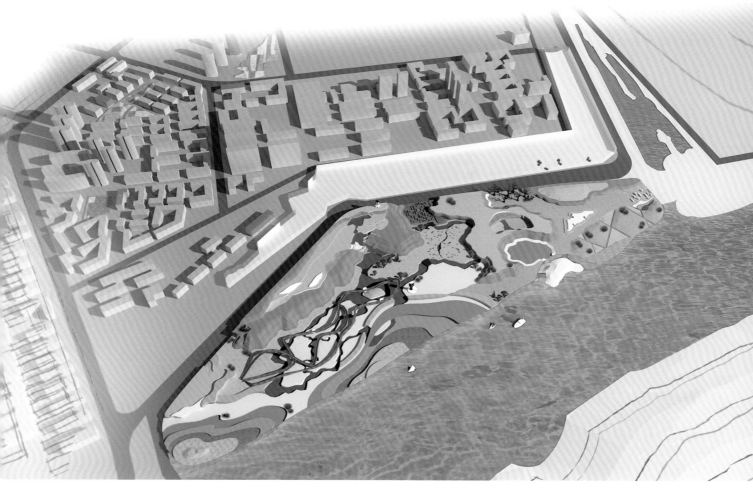

生态结构

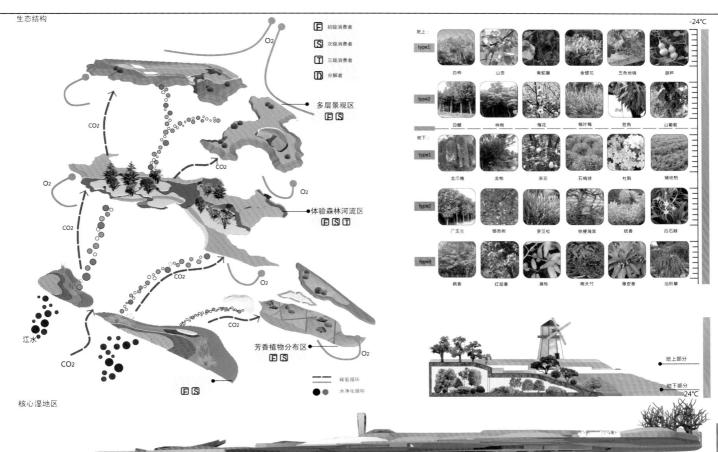

F 初级消费者
S 次级消费者
T 三级消费者
D 分解者

O2 CO2

多层景观区 F S
体验森林河流区 F S T
芳香植物分布区 F S

江水
CO2

核心湿地区

—— 碳氧循环
●● 水净化循环

-24℃

地上：
type1　白桦　山杏　南蛇藤　金银花　五色地锦　葫芦
type2　白蜡　梣树　梅花　锦叶梅　皂角　山葡萄

地下：
type1　龙爪槐　龙柏　茶花　石楠球　杜鹃　铺地柏
type2　广玉兰　银杏树　罗汉松　铁梗海棠　结香　白石蒜
type3　枫香　红茴香　扁柏　南天竹　厚皮香　沿阶草

地上部分
地下部分

24℃

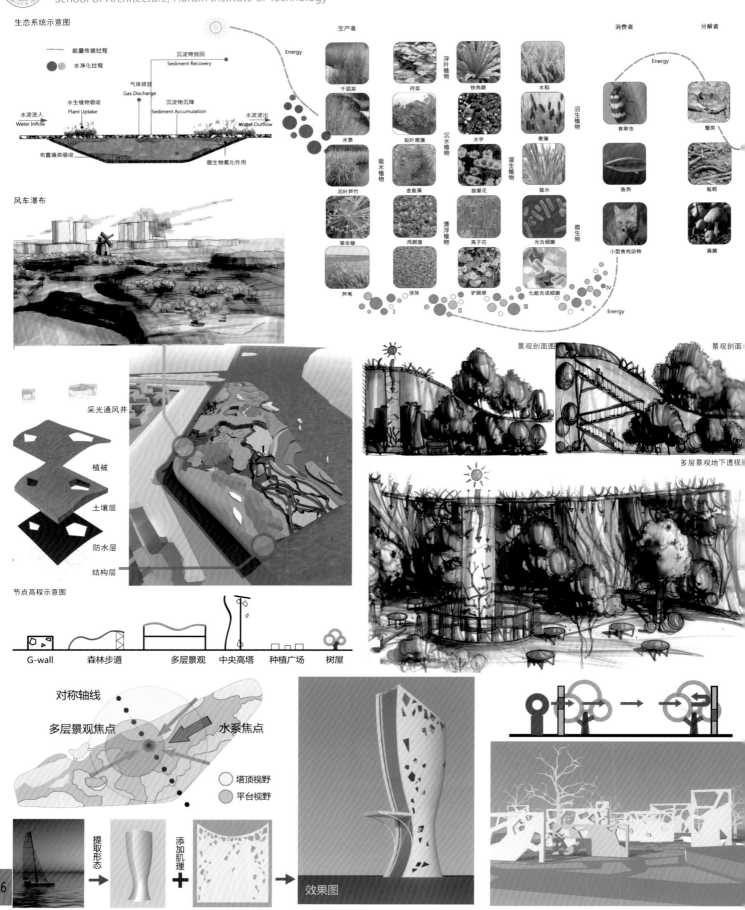

生态系统示意图

能量传递过程
水净化过程

沉淀物找回
Sediment Recovery

气体排放
Gas Discharge

沉淀物沉降
Sediment Accumulation

水生植物吸收
Plant Uptake

水流流入
Water Inflow

水流流出
Water Outflow

布置藻类吸收

微生物氧化作用

Energy

生产者

消费者   分解者

Energy

千屈菜   荇菜   浮叶植物   铁角蕨   水稻

食草虫   蟹类

水葱   轮叶黑藻   沉水植物   水芋   香蒲   沼生植物

鱼类   蚯蚓

挺水植物   花叶芦竹   金鱼藻   旋覆花   菰米   湿生植物

小型食肉动物   真菌

旱伞草   凤眼莲   漂浮植物   燕子花   光合细菌   微生物

芦苇   浮萍   驴蹄草   化能合成细菌

I   II   III   IV

Energy

风车瀑布

景观剖面图   景观剖面

多层景观地下透视

采光通风井

植被

土壤层

防水层

结构层

节点高程示意图

G-wall   森林步道   多层景观   中央高塔   种植广场   树屋

对称轴线

多层景观焦点   水系焦点

塔顶视野
平台视野

提取形态   添加肌理   效果图

控制性详细规划
Urban Regulatory Detailed Plan

课程要求：

　　控制性详细规划既有对总体规划贯彻落实的义务，又有对其深化、补充、完善的责任；既有全局控制的内涵，又有局部控制的作用；既要承上，又要启下；既有控制，又有引导。因而本课程对学生的要求有：1、掌握土地使用控制的方法；2、基本掌握综合环境质量控制（城市主要公共设施、配套服务设施控制，内外交通关系控制、城市特色和景观控制等）等方面的知识；3、有独立完成控制性详细规划设计及规划管理的能力。

课程学时：

　　56学时

1 哈尔滨市南岗区花园街区控制性详细规划

The Regulatory Detailed Plan of Huayuan Block, Nangang District, Harbin

学生姓名：卢海涛

指导教师：邱志勇

教师评语：该设计地处城市老城区，功能、土地权属比较复杂。该设计因地制宜，控制与引导并举，经济技术合理，能够体现建设用地环境的社会、经济、文化、城市空间发展水平。平面表达清晰、规范，方案便于操作实施，控制指标合理，并具有适当的灵活性，较好地掌握了设计方法。设计图纸成果整体表达较清晰、规范，达到了课程设计训练的目的。

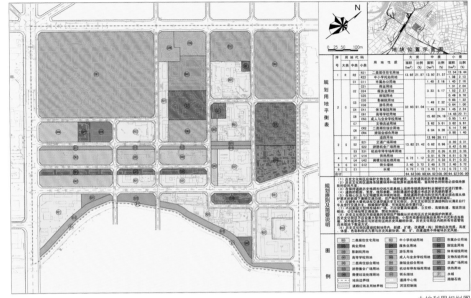

土地利用规划图

现场踏勘照片

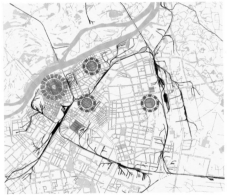

规划用地区位图

土地使用现状图

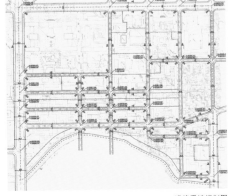

道路系统规划图

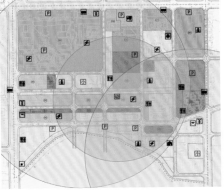

公共服务设施规划图

容积率控制图

地 块 位 置 示 意 图

东北立面及天际线控制

西北立面及天际线控制

尊重自然化的地形地貌条件，本次规划在土地利用方面采用了一种整体集中、局部自由的布局形式。针对各区块对用地条件与交通条件的不同要求，分别将其安排在合理的位置，并通过便捷的交通有机地整合在一起，力争实现各功能区各得其所、各尽其责，同时在整体上保持相互依存的相互关系。

1. 居住用地
现状居住用地28.45公顷，占城市建设用地44.66%。四类居住用地两处，分别位处花园街区，马家沟河沿岸。均为一层的砖房建筑群，配套服务设施不完善，其中大量私人搭建设施，内部道路分混乱、无明确功能分隔，沿街多由私人改造成商业服务用途，以满足周边居民生活所需。

2. 公共服务设施用地
现状公共设施用地23.15公顷，占城市建设用地36.34%。其中：行政办公用地6.7公顷，科研教育用地12.05公顷，商业金融地3.82公顷，文化娱乐和体育用地1.97公顷，医疗卫生用地0.38。

3. 工业用地
现状工业用地1.8公顷，占城市建设用地2.83%。其中：一类工业用地0.23公顷，主要包括沿公司街的化妆品公司厂。三类工业用地0.10公顷，主要包括哈铁公安局消防器材修配厂等。

4. 道路广场用地
现状道路用地7.04公顷，占城市建设用地11.05%。除西大直街、海城街是城市主干路外，单元内部剩余道路均为城市次干路和城市支路。基地外围路网设施完善，对外交通主要依靠西大直街和海城街。无市级广场与停车场，区级停车场密集、设置分散，多隐与居住用地之中。

5. 绿地
现状绿地1.56公顷，为街头绿地，占城市建设用地7.31%。

公共服务设施规划图

现场踏勘照片

地块编号图

控制导则图例

分图图则

总图图则

2 哈尔滨市南岗区控制性详细规划

Rgulatory Detailed Planning of Nangang District

学生姓名：陈蕾蕾

指导教师：袁青

教师评语：该作业针对花园社区进行控制性详细规划，
设计内容包括设计土地使用控制、综合环
境质量控制、空间及平面意向设计和说明
书等。实地调研资料充分扎实，抓住基地
位于城市中心区的区位特点、功能以教育、
居住为主的社区特征，对基地需求进行细
致分析。该作业控制性详细规划编制内容
完整、详细，图面表达清晰明确，对课程
要求把握较好。该作业针对土地使用性质
细分及其兼容范围控制，能做到充分考虑
不同用地性质的需求。该作业的指标确定
过程较严谨，进行多轮指标推敲，最终成
果较为合理。意向性设计细致到位，着重
突出基地南侧马家沟河的景观轴地位。

地块编号索引图

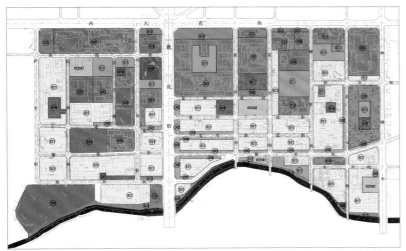

用地性质规划图

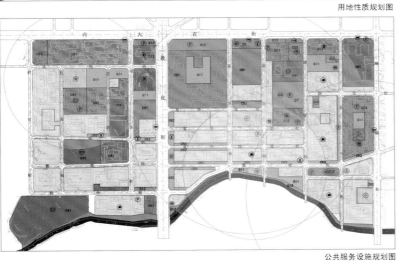

公共服务设施规划图

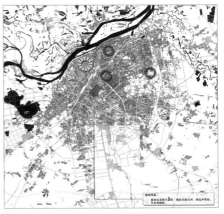

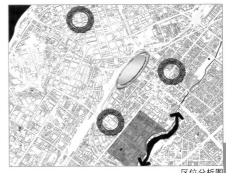

区位分析图

开发强度控制图

高度控制图

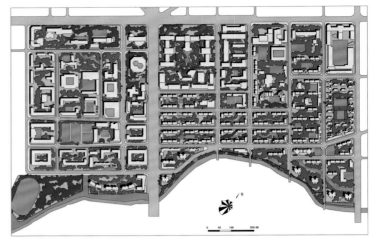

意向方案平面图

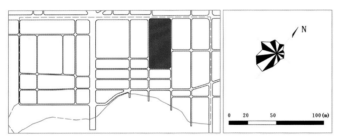

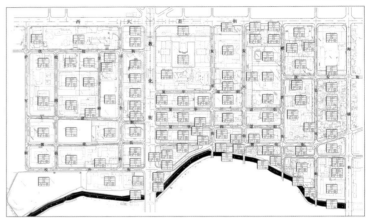

总图图则

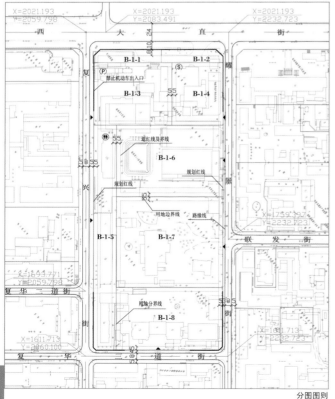

分图图则

用地性质分类及控制指标一览表

地块编号	用地代码	地块面积(hm²)	容积率	建筑密度(%)	绿地率(%)	建筑限高(m)	建筑面积(m²)	配建车位(个)	车行出入口方位	配套设施	建筑后退红线距离东(m)	南(m)	西(m)	北(m)	兼容性
B-1-1	G12	0.14	-----	-----	92	-----	-----	-----			5	0	5	8	
B-1-2	U21	0.12	-----	-----	20	-----	-----	-----			5	0	5	8	
B-1-3	C21	0.72	3.20	50	25	30	23000	50	W	ⓅⓈ	5	5	5	5	C24
B-1-4	C35	0.49	3.20	50	25	30	15700	20	E	Ⓟ	5	5	5	5	C36
B-1-5	R21	0.80	1.80	35	35	20	16800	40	W	Ⓟ♨	5	5	5	5	
B-1-6	C41	1.17	0.80	40	35	24	9400	20	E	Ⓟ	5	5	5	5	
B-1-7	C7	1.48	0.50	30	25	10	7400	20	E	Ⓟ	5	5	5	5	
B-1-8	C12	1.02	2.00	40	30	24	20400	50	N	Ⓟ	5	5	5	5	C21
合计		5.94					92700	210							

备注：本图则按照《中华人民共和国规划法》、《城市规划编制办法及实施细则》《哈尔滨市城市总体规划》与其它相关规范与标准。

图例：

— ·—	道路中心线	▦	用地边界线	▦	控制点坐标
▦	路缘线	▦	退红线及退界线	Ⓟ	停车场
- - -	道路红线	▬	机动车禁止出入口	Ⓢ	广场
♨	公厕	▼	车行出入口		

环境景观设计导引及设计说明：

1. 用地性质：居住，行政办公，商业，影剧院，体育场馆，文物古迹用地。

2. 交通组织：地段北侧是城市主干道西大直街，在临近西大直街侧禁止开机动车出入口该地段内用地面积5.94ha。

3. 公共设施：由于地铁站出入口的设置，加大在该地段配置的停车位（210个）。在该地段配置公厕1个。

4. 建筑形式：该地段的开发强度有所增加，该地段的内的商业建筑，影剧院以及体育场馆可作为地段内的标志建筑，建筑限高为30米，建筑颜色可以用较活泼的色彩如红色。地段内的居住、行政办公和文物古迹建筑形式以坡屋顶为主，颜色以白色和米黄色为基调，点缀其他暖色系颜色。

5. 经济技术指标：用地面积：5.94ha　建筑面积：92700平米　容积率：1.60
建筑密度：40%-45%　绿地率：25%

室外工程技术
Outdoor Engineering Technology

课程要求：

本课程的主要任务：掌握独立完成室外场地的竖向设计能力与室外工程设施设计方面的基本知识。学生在完成该门设计课程后，应做到能独立完成室外场地竖向设计、外环境设计、小品及街道家具设计以及室外工程构造及节点设计方面的基本任务。

本门课的主要内容包括：居住小区的竖向设计；场地室外工程设施设计。学生将完成指定场地——某居住小区竖向设计的任务。根据居住小区场地的地形特点，合理确定场地内建筑物、道路等的竖向设计，并组织场地排水。

课程学时：

64学时

1 室外工程技术
Outdoor Engineering Technology

学生姓名：张晓瑜

指导教师：邢军

教师评语：室外工程技术设计课程的教学目的是让学生了解和掌握修建设计阶段场地竖向和室外工程设施的设计方法，训练学生掌握修建设计图纸的规范表达。该设计平面表达清晰、规范，场地竖向设计排水方案合理，等高线设计准确，土石方计算正确，土石方量经济合理，较好地掌握了场地竖向设计的方法。室外工程设施设计中，工程设施选型和构造充分考虑了设计小区所在地具体条件，平、立、剖面及节点大样表达正确。设计图纸成果整体表达较清晰、规范、准确，达到了课程设计训练的目的。

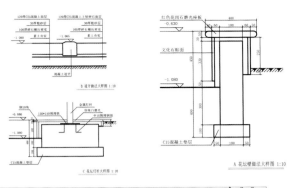

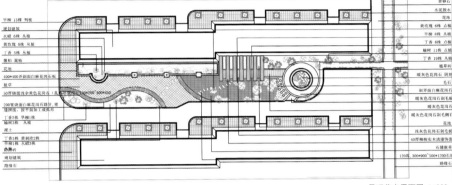

景观节点平面图 1:300

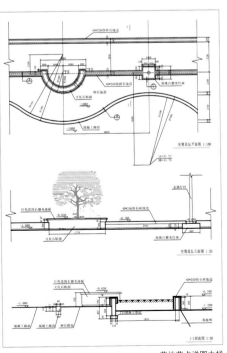

花池节点详图大样

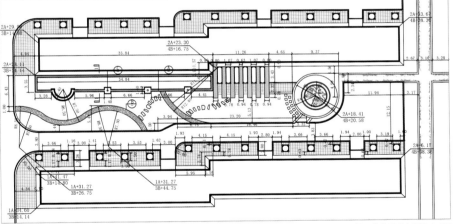

景观节点尺寸定位图 1:300

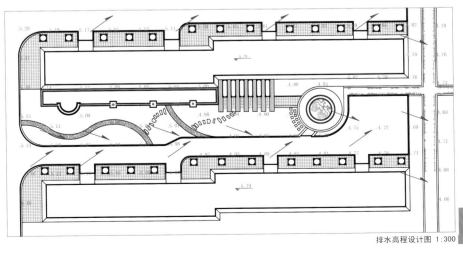

排水高程设计图 1:300

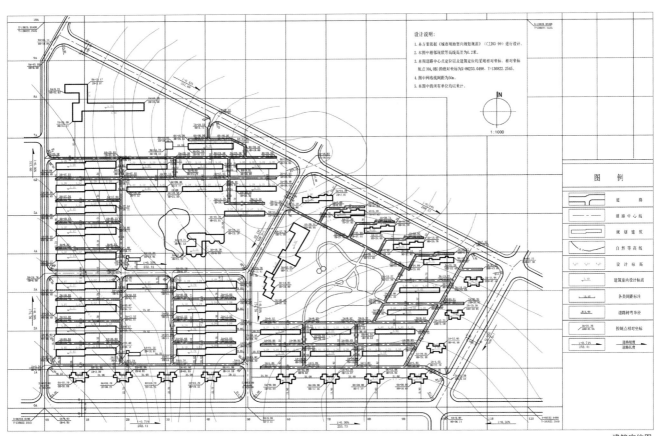

建筑定位图

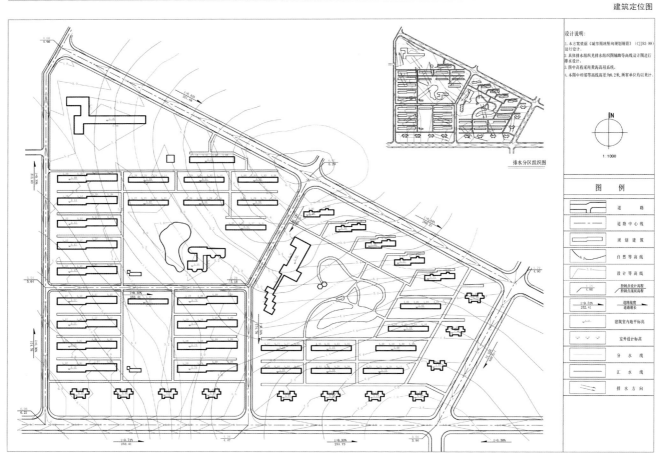

排水分区组织图

等高线设计图

2 室外工程技术
Outdoor Engineering Technology

学生姓名：孟凡迪
指导教师：袁　青
教师评语：该作业对某一选定居住小区进行
室外工程设计，设计内容包括等
高线设计、建筑定位、排水组织
方案、土方量计算以及居住区中
心绿地的景观设计及施工图。设
计参考相关规范，充分利用自然
地势及人工水面组织场地排水，
并遵循安全、适用、经济、美观
的原则。居住小区的排水组织和
高程设计较合理，因地制宜，尽
量遵循基地内部高程进行设计。
土方量计算采用方格网法，设计
中反复推敲，尽量减少挖方量及
填方量，降低施工成本、缩短工期。
景观设计施工图制图规范，符合
规划设计要求。

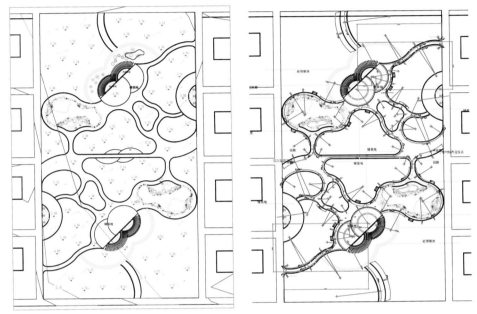

景观节点定位图

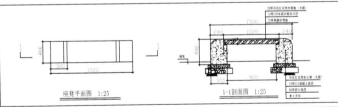

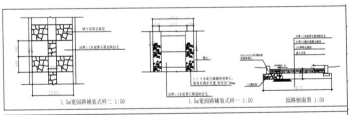

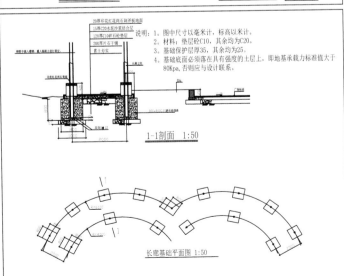

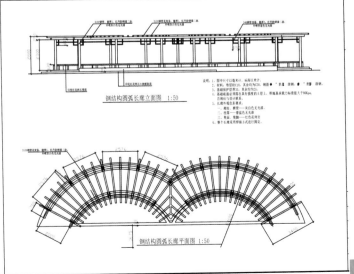

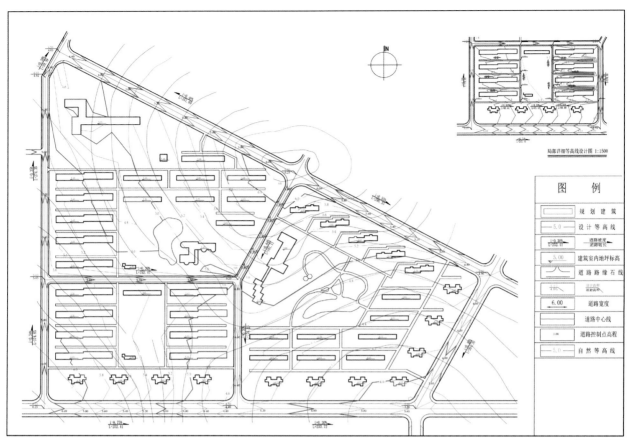

局部详细等高线设计图 1:1500

等高线设计图

设计说明:
1. 本方案参考《城市用地竖向规划规范》(CJJ83-99)进行设计。
2. 本方案充分结合自然地形组织场地排水,严格遵循安全、适用、经济、美观的原则。
3. 本图中相邻等高线高差为0.2米。
4. 本图采用黄海高程系统,道路中心点定位采用绝对坐标,建筑定位采用相对坐标。
5. 土方量的计算采用方格网法,方格规格为40×40米。
6. 本图中的所有单位均以米(除土方为立方米外)计。
7. 场地内建筑按无填挖处理,场地内人工湖按无填挖处理,但在设计时也对实际挖情况加以考虑。
8. 本竖向设计方案总填方为8523.51立方米,总挖方为2478.73立方米,总动土量为11002.24立方米,填挖方平衡差为6044.78立方米。

1 : 1000

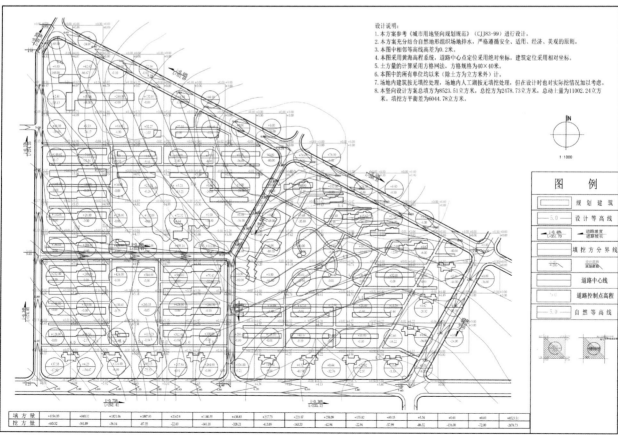

土方量计算图

城乡空间环境设计
Urban-Rural Space Environment Design

课程要求：

　　城乡空间环境设计主要研究城市与乡村空间融合过程中城市与乡村空间环境设计的差异性、城乡空间建设的生态化及景观规划设计方法等问题。通过本题目的设计训练，使学生深入掌握城乡空间环境规划设计的自然、社会、经济法则，在集约化利用资源、统筹城乡发展的前提下，解决城乡发展过程中的功能完善和景观形象创新等问题。本课程的基本要求是：

1、规划设计以上位规划和已批准的规划为依据；

2、根据城镇所处的地理位置、环境特点，充分利用地形地貌等自然资源；继承和发展有特色的城镇结构布局，完善城镇肌理，拓展城镇空间；塑造城市特色；

3、充分考虑地域性，并体现生态低碳、舒适便民、功能合理、利于管理等原则。

课程学时：

　　64学时+集中周

1 哈尔滨市呼兰老城区城乡空间环境设计
Hulan Comprehensive Urban Design in Harbin

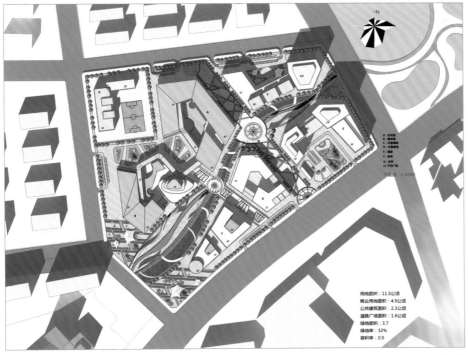

用地面积：11.5公顷
商业用地面积：4.9公顷
公共建筑面积：2.3公顷
道路广场面积：1.6公顷
绿地面积：3.7
绿地率：32%
容积率：0.9

规划总平面图

学生姓名：赵妍妍
指导教师：董慰

教师评语：本次课程要求学生分别以小组形式完成呼兰区在城镇化发展背景下总体城市设计框架，并完成城市设计项目库及导则的编制任务和以个人形式选取其中一个项目完成详细设计任务。该作业是在团队全部成员对整个城镇空间发展构想基础之上的优秀成果，对其理解也应建立在整个城市的视角之上。作业选取城市设计项目库中连接中心城区与城市入城口的区域为设计地段，通过对周边地区功能、交通流线的充分分析，确定发展以商业和文化为主导功能，力图塑造多样性、复合性的城市公共空间。

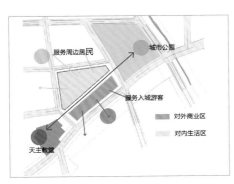

场地周边分析图

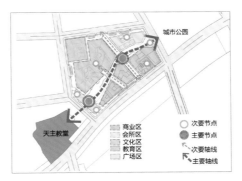

节点分析图

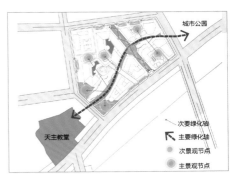

交通分析图

建筑高度分析图

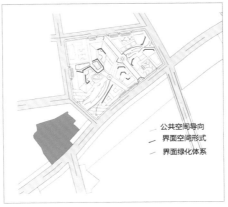

空间界面分析图

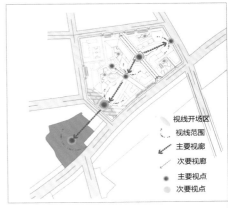

视线分析图

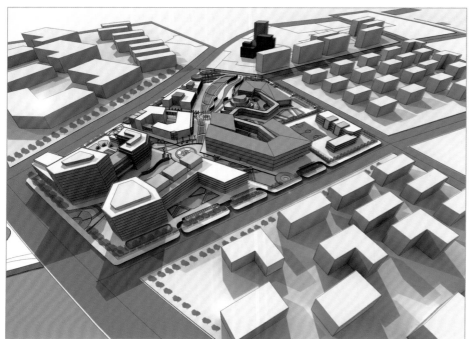

鸟瞰图

STEP2
确定用地形态:半围合

酒店区域：将入城游客和在东侧城市公园的游客聚集于此，可在此休息驻足。主要服务于外来游客。建筑体量较高，形成该商业区的地标建筑，给外来游客带来现代感强的城市意象。也是整个商业区的最高点，住在此处的游客可以俯瞰商业区，并且可以俯瞰天主教堂，打通视廊。

购物区域：由两栋多层商场构成，可从主轴线任意一点步行到达，交通便利，紧邻城市主干路，满足于外来游客和该区域周围的居民的基本需要，建筑形式以围合式为主，但打破传统购物中心的围和，在商场下部有架空的空间可作为休憩和驻足场所，增加了参与性。

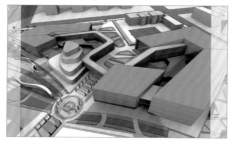

文化馆透视图

STEP3
确定单块性质功能：多样

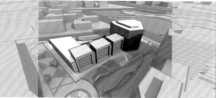

会所区域：主要服务于该区域北侧的居民，主要有健身、娱乐、休闲、餐饮、蓝老年人活动等功能，会所东侧紧邻酒店，方便本地居民，同样也是地标。

主入口透视图

STEP4
连通性质相同的地块：半开敞空间的连通

文化区域：由文化馆和图书馆构成，临近西侧天主教堂，是该区域的文化体验区域，更引导有人进一步参观天主教堂。图书馆紧邻呼兰第五中学，方便学生和住区内居民。

分区透视图

轴线透视图

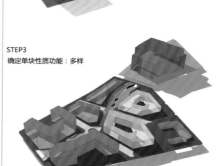

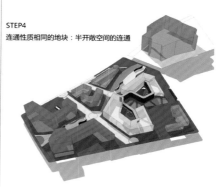

STEP5
确定各个建筑形态及与空间的联系

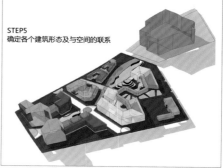

2 哈尔滨市呼兰老城区城乡空间环境设计
Hulan Comprehensive Urban Design in Harbin

经济技术指标：
用地规划面积：18.2hc
商业用地面积：6.8hc
住宅用地面积：6.1hc
道路广场面积：5.3hc

N

规划总平面图

学生姓名：朱超、张艺帅、朱琦静、那慕晗、
　　　　　武忱、代嘉颐、于剑光
指导教师：赵丛霞

教师评语：本次课程以 2004 年撤县划入哈尔滨市的呼兰老城区为研究对象，采用小组与个人相结合的工作方式。该小组深入城镇进行现状调查，全面了解城镇的历史沿革、地理位置、经济社会发展状况和上位规划的要求，基础资料调查详实。继而分析和评价了现状自然景观资源、人文景观资源、城镇的空间形态，分析全面深入。在现状调查和分析的基础上确定城镇的基本特色；然后运用凯文林奇的"城市意象理论"，明确城镇中重要的城市意象元素，建立项目库，对各项目提出设计导引。既保证了城镇整体风貌的完整统一，突出了城镇特色，又可指导未来各项目的改造开发。每个同学选择项目库中一个节点做意向性设计，在遵循设计导引的前提下，设计构思富有创造性，彰显城镇特色，提高环境品质。图面表达准确清晰，排版紧凑、色彩协调，表达效果良好。方案在整体风貌景观特色的提炼和空间景观结构的塑造上仍有待加强。

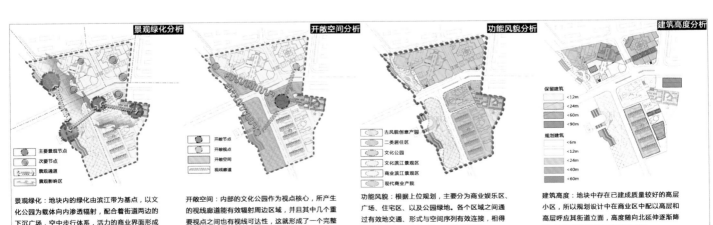

景观绿化：地块内的绿化由滨江带为基点，以文化公园为载体向内渗透辐射，配合着街道两边的下沉广场，空中步行体系，活力的商业界面形成完整的立体景观体系。

开敞空间：内部的文化公园作为视点核心，所产生的视线廊道能有效辐射周边区域，并且其中几个重要视点之间也有视线可达性，这就形成了一个完整连续的开放空间网络。

功能风貌：根据上位规划，主要分为商业娱乐区、广场、住宅区、以及公园绿地。各个区域之间通过有效地交通、形式与空间序列有效连接，相得益彰，能够有效聚集人气，展现呼兰风貌。

建筑高度：地块中存在已建成质量较好的高层小区，所以规划设计中在高层区域中延用和高层呼应其街道立面，高度随向北延伸逐渐降低，在和谐中展现其呼兰现代风貌。

全景鸟瞰图

设计说明

该设计选择在入城口滨水空间，主题为现代与历史的碰撞，方案地块包括多种元素，其中住宅、商业、文化设施、道路广场相得益彰，形成立体完善的景观体系，方案中注法在以多种手法表现空间形式，满足了多种功能需求，为入城口的"名片效应"增添了一抹亮色。

原有场地

保留建筑

引入活力

确定轴线并引入方格网

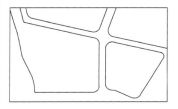

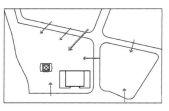

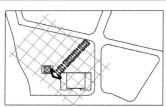

另一场地引入方格网并向左延伸

再次生成轴线

植入元素
（过街通廊，树阵，停车场地，台阶，滨水空间，木质栈道）

整合场地

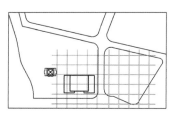

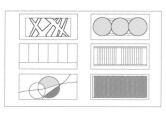

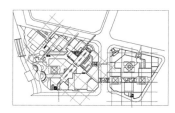

放射形亲水台阶的设置融合了"寒地水乡"的设计理念，不同的台阶标高给人以穿行的趣味感。

"文化长廊"的设置延续了街道界面，并且使人在穿行公园的过程中自然而然的了解呼兰文化的传承。

弧形座椅的设置解决了两类人群的集会状态与独处状态：在弧形聚集一出，人们自然而然地相互交流，弧形发散一向则适合陌生人独处。

"名人墙"的设置顺应了弧形椅子的形态，以文化石作为基质材料显示出呼兰文化传承的历史沧桑感，并且名人墙的设置告诉我们，呼兰不只有一个"萧红"，还有许许多多的文人墨士。

54

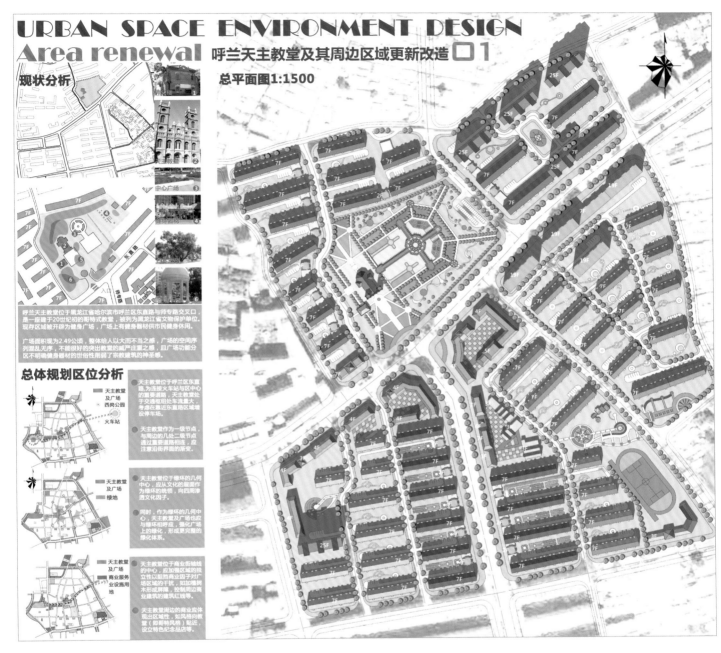

URBAN SPACE ENVIRONMENT DESIGN
Area renewal 呼兰天主教堂及其周边区域更新改造 □1

现状分析

总平面图1:1500

总体规划区位分析

呼兰天主教堂现位于黑龙江省哈尔滨市呼兰区东直路与师专路交叉口，是一座建于20世纪初的哥特式教堂，被列为黑龙江省文物保护单位。现存区域被开辟为健身广场，广场上有健身器材供市民健身休闲。

广场面积现为2.49公顷，整体给人以大而不当之感，广场的空间序列凌乱无序，不能很好的突出教堂的威严庄重之感，且广场功能分区不明确健身器材的世俗性削弱了宗教建筑的神圣感。

中心广场

广场规划结构分析

交通流线分析　　节点分析　　轴线分析　　视觉廊道分析　　功能分区分析　　微气候分析

中心小广场选址分析

广场构图分析

URBAN SPACE ENVIRONMENT DESIGN
Area renewal 呼兰天主教堂及其周边区域更新改造 02

广场周边区域改造结构分析　鸟瞰图

建筑质量分析图

- 新建建筑
- 立面改造建筑

视线对景分析图

- 视觉中心
- 建筑对景
- 教堂视轴
- 中心广场视轴

空间界面分析图

- 强围合空间界面
- 开敞空间界面

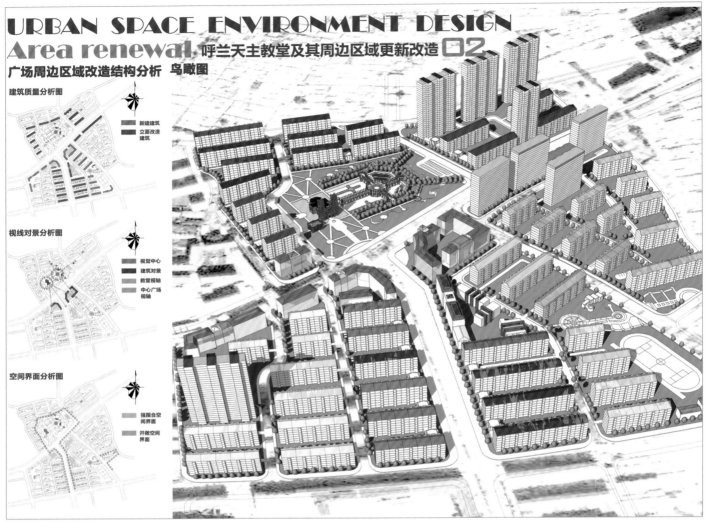

新建居住小区规划结构

区位分析图

- 新建小区范围
- 住宅
- 商业建筑
- 行政办公建筑

交通流线分析图

- 人行入口
- 车行入口

住宅层数分析图

- 7层住宅

公建配置分析图

- 小学
- 幼儿园

道路分析图

- 小区级道路
- 组团级道路

师专路规划结构分析

师专路原本为一条笔直的道路，交通畅通，但是与教堂呈垂直关系，沿着行走时容易产生视廊阻挡，不易瞻仰教堂的准确位置，道路与建筑关系不当。

师专路靠近教堂的部分由原有的斜对教堂调整为正对教堂。作为通往教堂最直接的道路，正对教堂易于取得良好的对景，突出其地标的地位。

师专路景观结构分析

原有道路景观

改后道路景观

- 师专路沿街的建筑原本非常单调，两座七层的住宅楼之间连接以一至两层的沿街商廊，各色牌画颜色风格不统一，非常破坏师专路的文化氛围。
- 师专路的沿街绿化也非常稀疏，行道树的数量不多，难以形成绿化系统，小区缺少中心的大型绿地，宅间绿地的数目也非常稀少。
- 综上，师专路在沿街商业和绿化这两方面存在严重不足。

- 师专路沿街的建筑风格向哥特式靠拢，采用哥特的特色圆窗，增加立面的文化延续性，将商服改造为门洞式结构，给人以通透的廊觉，活泼而有趣味。
- 加强师专路的沿街绿化，将小区的宅间绿地做大做细，成为呼兰小区的特色绿化形式，宅间绿地遮门润透流，起到了借景的目的。
- 综上，师专路的沿街商业杂乱和绿化不足得以改善。

设计说明

宗教建筑凝结着城市的历史与文化，是一笔独特的遗产，然而随着城市的发展，世俗因素越来越多的掺入其中，削弱了宗教建筑本身的神圣感。本设计选取了位于呼兰老城区的天主教堂，对其所在广场及其周边进行了一系列的更新改造。在设计过程中，充分考虑了历史文脉的延续性以及如何恢复教堂昔日的光彩，通过运用轴线，空间界面，节点，对景等方法手段，使呼兰天主教堂及其周边区域焕发出新的生机与活力。

在进行广场设计时，充分考虑了轴线对景等因素，改善了原本被健身器材所侵占的空间，恢复了教堂应有的威严，同，考虑到北方冬天的严寒，设置了4M的下沉广场，在严酷的冬季也能营造出一个适宜人活动的微气候，同时，在广场上紧密栽植树阵，既加强了气势又可以抵挡寒风。

在对广场周边进行更新时，将广场作为周边区域的设计导引，周边的更新都为贴合广场的主题而进行，风格和谐统一。

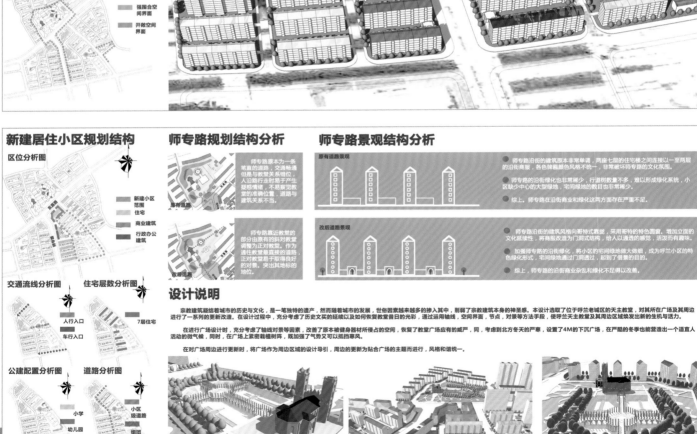

开放设计
Open-Ended Design

课程要求：

    开放式研究型设计课程是我院以"卓越工程师培养计划"为目标进行的课程改革之一。于2012年春季学期在建筑系面向08级建筑学专业本科生进行了试点，2013年，该课程面向全院的4个专业（建筑学、城市规划学、景观学、艺术设计学）开放。该课程具有开放式和研究型两个特征，采用海内外结合、校企结合、本科教学与实践项目结合或相关专业结合等方式，以教师的学术兴趣为中心，通过倡导"研究型"学习，激发学生的学习兴趣，提高学生的创新思维能力和综合素质，促进对热点问题的深层次思考。

课程学时：

    4周

1 新生塘朗——TOD 模式下的地铁站土地开发研究
The Rebirth of Tanglang Railway Station by TOD Model

深圳大学新校区

南方科技大学

大沙河

南方新材料产业区

塘朗小学

塘朗地铁站

北

总平面 1:2000

南沿街立面

学生姓名： 张悦、赵研妍、黄佳靖、董哲浩、
　　　　　 闵睿、周元豫、张殷婧、代嘉颐、
指导教师： 郭嵘、邢军、王耀武、马航、
　　　　　 刘堃

教师评语： 该设计针对深圳市、西丽区、塘
朗山地区、设计地段不同层次对
社会、经济、人口、资源、生态、
人文、科技、文化等设计影响因
素进行了深入分析，结合专题研
究，所确定的设计目标、区域定
位、开发模式切合实际，土地利
用和业态布局方案合理，表现出
设计者较强的综合解决问题的能
力。

规划设计围绕低碳、生态的
规划理念，以轨道交通为公共交
通骨架，结合地面公交系统和自
行车、步行慢行系统，在地铁站
周边形成无缝接驳的交通体系，
体现公共交通引导促进用地开发
的 TOD 模式，其中高架慢行系统
与生态绿地、廊道紧密结合，形
成方案特色。

整体方案研究分析深入，设
计概念表达清晰、完整，设计内
容系统，逻辑性较强，设计地段
规划意向方案具有时代特色。

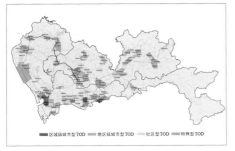

深圳市 TOD 分区发展指引

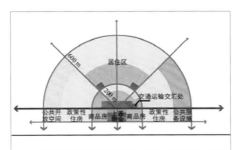

社区型 TOD 模式功能结构图

开放设计小组

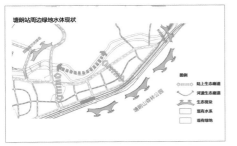

塘朗站周边绿地水体现状

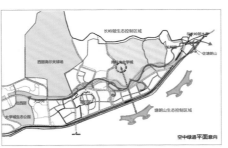

空中绿道平面意向

塘朗站区位生态系统现状

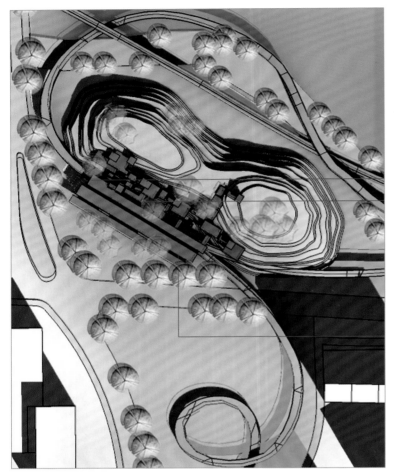

垂直分离系统

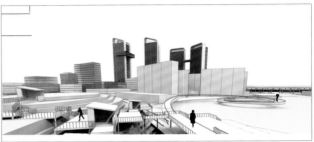

通往畅想园

面对塘朗小学

过街平台透视：行人由三层过街平台下到二层半的过街平台，与自行车系统在同一层，行人可以观景、休憩、过街、进入相邻的购物中心。

过街平台透视：由地铁站出站可直接与自行车停车场接驳，沿过街平台骑行，在二层半的位置可转弯过道，沿路的两侧骑行。

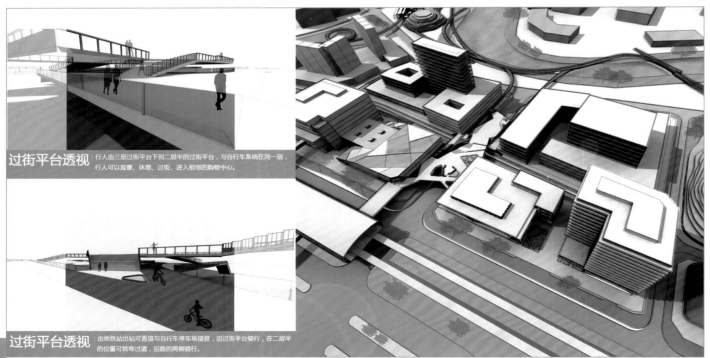

节点透视图

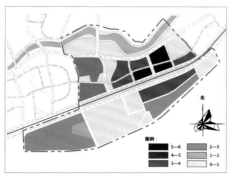

开发强度分析

开放空间分析

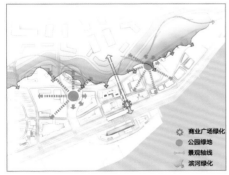

绿地系统分析

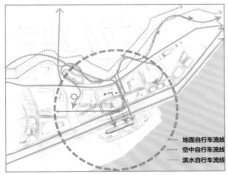

自行车系统分析

鸟瞰图

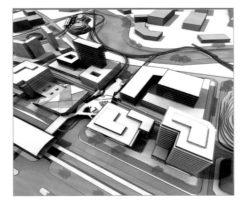

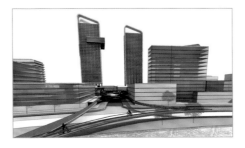

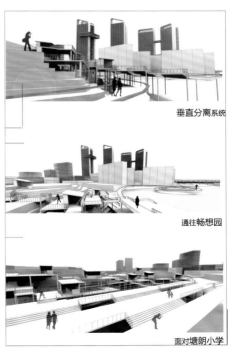

垂直分离系统

通往畅想园

面对塘朗小学

2 台湾坪林区复兴规划研究
Taiwan Pinglin District Renaissance Planning Research

学生姓名： 周骁、朱琦静、刘泽群、陈小洋、于文测、戴超、于泽众
指导教师： 吕飞、赵丛霞、张圣琳（台湾大学）

教师评语： 该组同学研究分析工作扎实，在充分考虑当地资源条件及建设限制因素的基础上，所做的产业规划既有创意和前瞻性又切实可行。周骁组的规划设计思考全面，能灵活运用各种技术手段辅助设计，方案富有创意又充分体现了地方特色。相比之下，另一小组尚需加强。本次开放式研究型课程设计使学生认识到基础产业才是城乡总体营造的原动力，同时通过学习台湾参与式规划的思想方法和成功案例，开启对公众参与城乡规划在大陆未来发展的思考。

课题组与台大城乡所师生合影

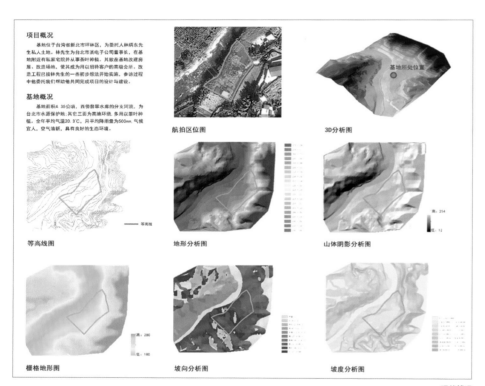

现状情况

坪林茶产业营销策略：

坪林茶区作为台湾六大主要产茶区之一（梨山茶区、杉林溪茶区、阿里山茶区、玉山茶区、鹿谷茶区、台北坪林茶区），土壤富含有机质，水质良好且不受污染，而雨量及气温皆适中，所产的包种茶最为出名。

（1）整合市场

对坪林茶农、茶行进行整合，形成合理分工。将情况相似的个体产茶户进行整合，统一加工，统一宣传销售，形成产业集群。分工合理后，生产效率提高，茶叶品质有保证后，形成统一品牌，提高区域竞争力。在进出口空隙中抢占市场份额。

（2）积极参与或承办与茶相关展会

我国每年举办与茶相关主题展会上百次，内容主要围绕"绿色、健康、生命"等。展会的成功举办不仅可以提高坪林的区域影响力与知名度，更能够为当地农户提供与外界接触、了解市场需求与高新技术的机会，寻求市场合作。

（3）利用水源地环境优势

a. 独创茶艺工序

根据自身优势，试用"好水好茶"口号，吸引游客到坪林当地品茶，直接取用水源地优质水烹茶品茶，是否别有韵味？

b. 相应茶产品开发

由于当地环境保护极佳，可考虑茶多酚的提取，用于化妆品与保健品的制作。利润高、见效快。

（4）茶叶品牌宣传与环保挂钩

坪林作为台北水源地，自然资源保持状况良好，同时台湾本土热销的高山茶对环境生态的破坏已引起人们的重视。

台湾土地资源紧缺，对土地自然资源的保护较为容易引起当地居民共鸣。坪林茶产品的宣传应与环保宣传相挂钩，打感情牌，与其他成熟品牌竞争。

建筑评价

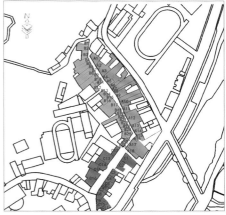

建筑编号

色彩规划

老街立面改造方案

3 绿色项链——生态化的中东铁路遗产廊道复兴策略

Ecological Renewal Strategy of Zhongdong Railway Corridor Heritage

学生姓名：卢新潮、唐雅楠、陈琳

指导教师：薛滨夏、刘生军

教师评语：该组同学在方案设计中以小镇历史文化保护和生态环境恢复为视点，通过建立创意文化产业作为触媒带动旅游业发展，促进小镇的经济复苏和转型。方案以"绿色项链"为主题，根据古镇地形和风向等自然条件，以及历史区域更新改造的要求，通过将城镇环境复原为绿地斑块，并将历史建筑周边环境改造为开放空间，为小镇居民以及外来游客提供了使用于公共交往与休闲活动的场所，形成生态化的历史遗产保护廊道，表现出在历史城镇规划中对保护与更新的统筹考虑，以及生态技术的娴熟运用。

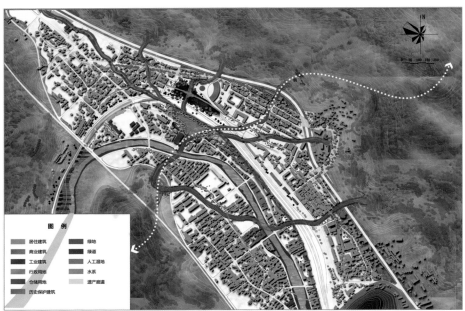

规划总平面

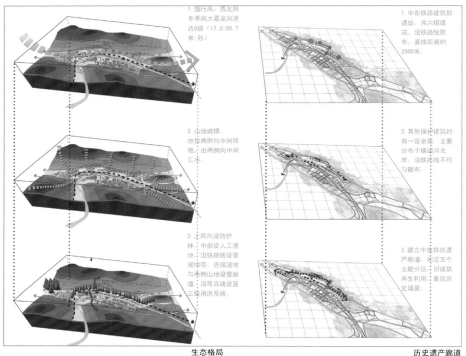

生态格局

历史遗产廊道

居住空间生态化改造

生态与历史保护规划结构

生态与历史保护规划结构

建立历史遗产保护廊道

局部鸟瞰图

机车库前广场

露天咖啡吧

节点设计平面图

视线控制

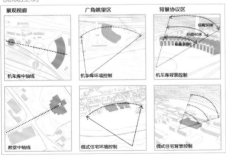

景观视廊 机车库中轴线
广角眺望区 机车库环境控制
背景协议区 机车库背景控制
教堂中轴线
俄式住宅环境控制
俄式住宅背景控制

历史建筑保护

原真性 标志性元素保留
整体性 后工业氛围保护
可读性 标志性元素保留
永续性 雨水收集系统
建筑特征抽取
小镇文脉延续
标志性元素重构
人工湿地

产业项目策划

创意文化产业 艺术家工作坊
旅游业 青年旅馆
露天咖啡吧
摄影写生基地

大白楼

海林站旧址
圣母进堂教堂

片区1的文化创意产业基地布置示意图。基地里的建筑以与横道河子大多数建筑相类似的俄式平房为主。不会过多干扰周围的建筑风格，以突显大白楼为主。

■ 国家级保护建筑
■ 文化创意产业基地建筑
□ 居住及其他建筑

片区2内保护建筑比较多，片区2面积也较大。片区2内基地布置的原则是：每一片面积都较小，但设置多处。这样能够较方便交通与各基地间的联系。

■ 国家级保护建筑
■ 文化创意产业基地建筑
□ 居住及其他建筑

基地规划示意图

4 泛・TOD——台北市信义商圈 TOD 模式探究
Research of TOD Mode in the District of Xinyi Area in Taipei

学生姓名：朱超、曹宇、曲直、孙舸
指导教师：吴纲立、陆明、赖士尧（台湾大学）、
　　　　　林宪德（台湾成功大学）、
　　　　　洪一安（台湾成功大学）

教师评语：本课程设计尝试以亚洲城市设计热点研究区域台北信义区为研究案例，探讨 Green-TOD 的理论与实践，希望透过田野调查、使用者感知调查分析，以及对该地区微气候因子的测试与模拟分析，提出都市设计策略与设计方案，充分体现了开放性、研究型的课程教学宗旨。课程设计分为三组，分别从微气候评价分析、生态减碳设计和绿色 TOD 发展等视角进行深入研究。各小组的设计任务有分有合，主题明确，设计方法注重定量化，研究数据力求客观详实，问题分析较为深入，形成的成果内容丰富，表达充分，整体完成质量较高。

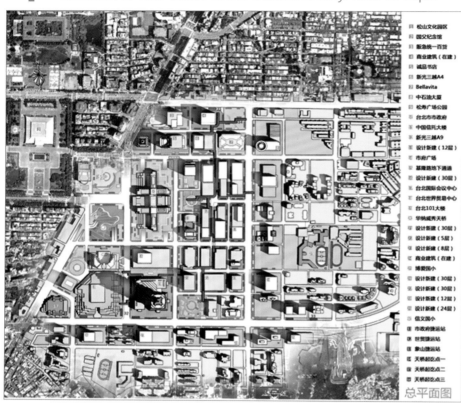

松山文化园区
国父纪念馆
新急统一百货
商业建筑（在建）
诚品书店
新光三越A4
Bellavita
中石油大厦
松青市场公园
台北市政府
中国信托大楼
新光三越A9
设计新建（12层）
市府广场
基隆路地下通道
设计新建（30层）
台北国际会议中心
台北世界贸易中心
台北101大楼
华纳威秀天桥
设计新建（30层）
设计新建（5层）
设计新建（4层）
商业建筑（在建）
博爱国小
设计新建（30层）
设计新建（30层）
设计新建（12层）
设计新建（24层）
信义国小
市政府捷运站
世贸捷运站
象山捷运站
天桥起讫点一
天桥起讫点二
天桥起讫点三

总平面图

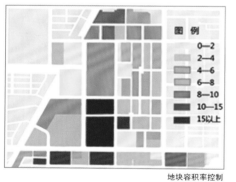

图例
0—2
2—4
4—6
6—8
8—10
10—15
15以上

地块容积率控制

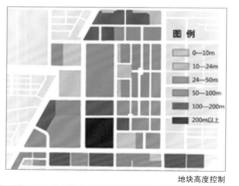

图例
0—10m
10—24m
24—50m
50—100m
100—200m
200m以上

地块高度控制

设计小组成员及老师

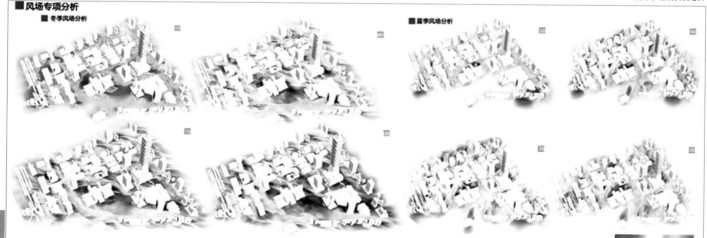

■ 风场专项分析
■ 冬季风场分析　　　　　　　　　　　　　　　　　　　　　　　　　　■ 夏季风场分析

0　2.5　5.0　7.5　10
QUANTITY VELOCITY(M/S)

基地天桥人行系统分析

形体衍生

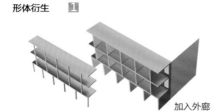 1 加入外廊

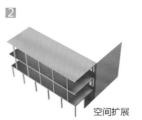 2 空间扩展

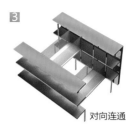 3 对向连通

概念衍生

场地提炼

基地提炼出道路骨架作为图底，统计出公交站点的空间分布以及现存的捷运站点。

加入站场

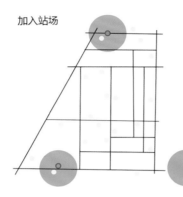

将新建捷运站场投入使用，以各自的中心开始向外发散人流，影响基地内部。

方式整合

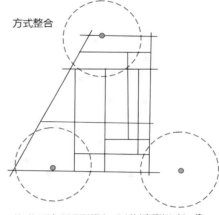

基地的交通方式进行重新整合，公交站点有系统地减少，捷运承担更多运力，释放内部慢行交通。

优化土地

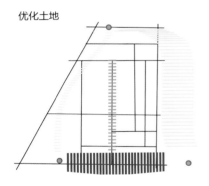

土地开始升值，以捷运场站为起讫点开始有效连接，在空间上优先较短联系道路周边土地。

形成基质

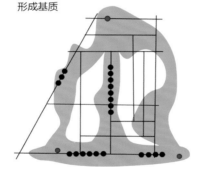

由线扩展到区域，在线路上不同侧重，捷运场站以商业办公—高密度住宅—低密度住宅向外开发。

辐射周边

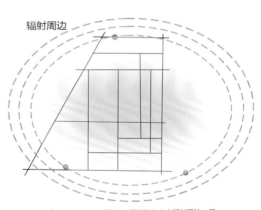

地区具有足够内聚力与吸引力，开始作为中心辐射周边，带动周边的各项设施配置与用地开发。

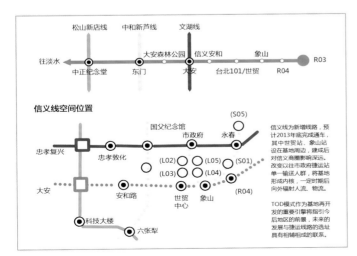

往淡水
松山新店线　中和新芦线　文湖线
中正纪念堂　东门　大安森林公园　信义安和　象山　R03
大安　台北101/世贸　R04

信义线空间位置

忠孝复兴
国父纪念馆　(S05)
忠孝敦化　市政府　永春
大安　(L02)　(L05)　(S01)
(L03)　(L04)
安和路　世贸中心　象山　(R04)
科技大楼
六张犁

信义线为新增线路，预计2013年底完成通车，其中世贸站、象山站设在基地周边，建成后对信义商圈影响深远。改变以往市政府捷运站单一输送人群，将基地形成内核，一定时期后向外辐射人流、物流。

TOD模式作为基地再开发的重要引擎将指引今后地区的前景，未来的发展与捷运线路的选址具有相辅相成的联系。

基地内部聚散分析

■ 规划或改造的建筑
■ 城市绿地及公共空间
◎ 人群主要吸引点

1---101大楼
2---台北市政府
3---诚品书店信义店
4---华纳威秀影城
5---新光三越信义店

■ 基地演变过程

10年历程

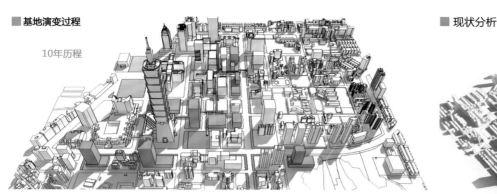

25年历程

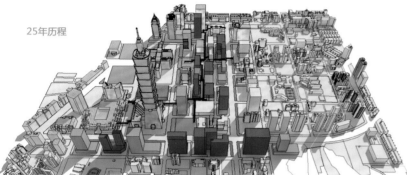

50年历程

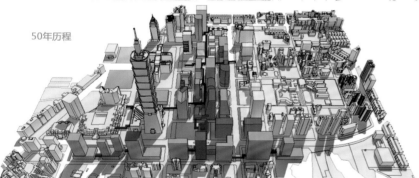

■ 现状分析

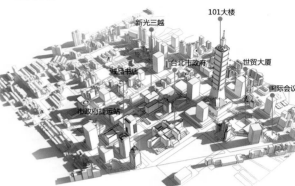

人流来向分析（捷运站使用前）

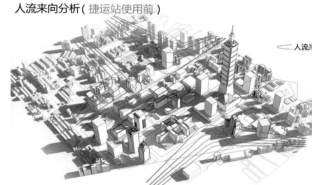

人流来向分析（后）

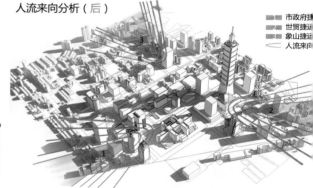

设计新增建筑

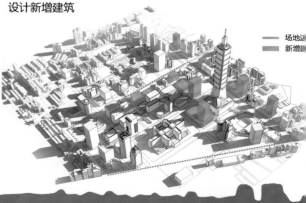

■ 调研数据线性分析

本方案重在研究台北市信义商圈地区交通状况，并结合已有的现状进行改善，以评分方式（1—7分）借以了解被调查者的真实感受，由于此处为信义商圈中心地段，在两天调研时间中发放共235份有效问卷，问卷内容分为：①旅运目的与空间改善需求；②填答者基本资料；③访员所在位置天气测试数据。针对于本组研究方向，抽取有效信息，进行数据分析，得到相关结论如下：

具体对于人行空间大众服务运输满意度研究

单因素方程因子：
①大众运输服务感到满意
②土地使用现况感到满意
③车站地区人性空间的使用方便性感到满意
④车站地区人性空间的使用舒适性感到满意
⑤车站周遭公共空间的都市活动感到满意

双因素方程因子：
舒适性因子：
①增加使用台北捷运次数
②增加使用公车次数
③增加来信义计划去商圈次数
④向他人推荐来信义计划区商圈活动

可达性因子：
①向他人推荐使用台北大众运输系统
②向他人称赞信义计划车站地区的环境

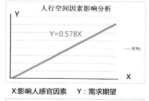

人行空间因素影响分析

$Y=0.578X$

——系列1

X：影响人感官因素 Y：需求期望

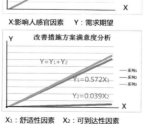

改善措施方案满意度分析

$Y=Y_1+Y_2$

$Y_1=0.572X_1$
$Y_2=0.039X_2$

——系列1
——系列2
——系列3

X_1：舒适性因素 X_2：可到达性因素
$Y（Y_1，Y_2）$：满意度

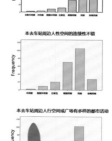

结论：根据spss分析得到两个线性回归拟合方程，两个均呈线性回归关系，正相关，结果显著成立

快速设计
Short Studio

课程要求：

    该课程目的是考核和训练学生对所学基本知识的掌握以及综合运用各方面知识进行设计的能力。其主要任务是培养学生掌握快速设计方法，提高综合设计能力，锻炼学生独立完成规划设计的能力。本门课的主要内容是：在规定的时间内（一般为6～8小时）指定设计题目，由学生独立完成。设计内容一般与城市内部独立地块的规划和设计相关。

课程学时：

    6小时

1 滨水度假村规划设计
Waterfront Holiday Village Planning

学生姓名：姜雪

指导教师：吕飞 赵丛霞

教师评语：方案因地制宜，借助基地周边的小河与内部的现状
鱼塘打造水景度假村。方案策划了多种住宿类型，
并配套相应的服务设施（体育、娱乐、停车等），
功能布局合理。交通组织采用部分人车分流的方
式，创造了景观良好的步行系统。通过曲线形的道
路与建筑群体的布局，创造张弛有度的空间序列和
丰富多变的空间感受。方案的尺度较准确，图面表
达也较好。只是在景观断面图中未标出主要的控制
标高。此外，对5公顷左右的度假村而言，住宿类
型建筑可能过多。

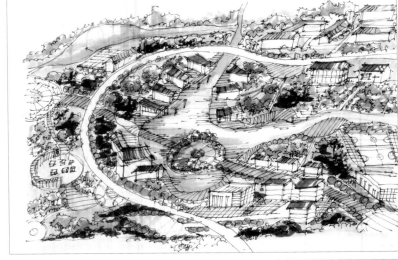

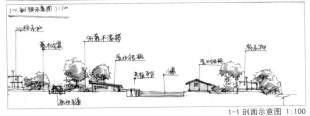

1-1 剖面示意图 1:100

景观与节点分析图

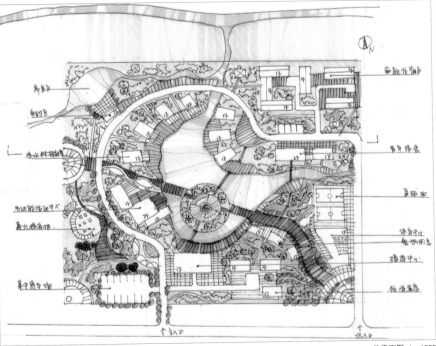

总平面图 1:1000

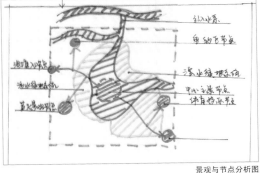

景观与节点分析图

功能分析图

2 古博物馆规划设计
Acient Museum Planning

学 生 姓 名：贺辉文
指 导 教 师：吕飞
教 师 评 语：该作业为在城市滨水区域设计一座占地2330平方米的历史博物馆。该作业将整个古博物馆区分为两个主要部分：公共区域和私密区域，并通过景观和道路使两部分得以相连，同时公共区域以人的流线组织建筑和基地的逻辑关系，使场地和建筑组成统一的整体，并利用绿化隔离等手段尽可能地减少建筑对遗址的破坏。

　　该作业构图清晰，利用图面的三大部分合理的组织了总平面图、滨水景观设计图、景观透视图以及分析图等图面元素。在色彩的使用上，该作业虽然用色不多，但所用色彩搭配很好，极好地表现出方案的特点。分析图方面，该设计运用简洁而清晰的符号，很好地表达出整个方案的全部设计意图。

滨水景观透视图

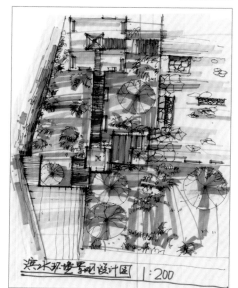

滨水景观透视图

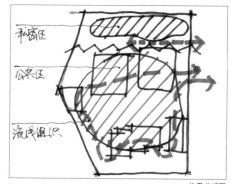

构思分析图

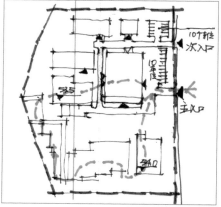

交通与竖向分析图

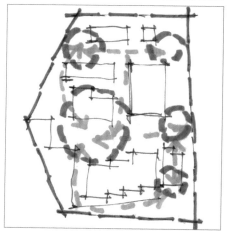

空间结构图

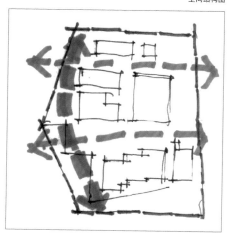

景观结构图

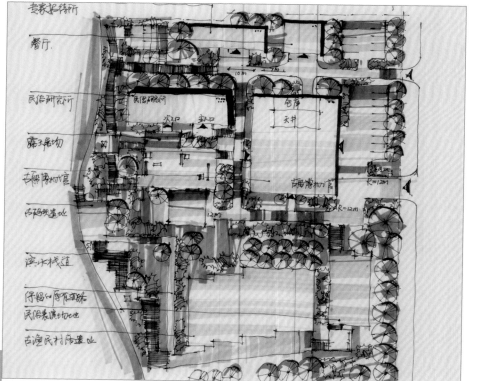

总平面图

3 渔文化展区规划设计

Fish Culture Exhibition Area Planning

学生姓名：张艺帅

指导教师：吕飞

教师评语：该作业为选择城市中公园附近一块临水空间进行鱼
文化展区的规划设计，并要求在1.65公顷的用地面
积内布置建筑面积不小于7000平方米的建筑。在规
定的时间内，该同学较好地完成了任务书所要求的
全部内容，并很好地完成了方案的表现。在该设计中，
以行人流线为线索串联入口广场、博物馆、露天展场、
渔村风貌村、民俗表演区等空间，空间序列较为完善，
使人能够在空间的穿行中领悟到鱼文化中时间的魅
力。在展览流线中，滨河公园的设置，缓冲作用明显，
使人在游览过程中亲近自然、感悟与文化魅力；在
流线组织上力求功能分区明确，人车尽可能地做到
分行。在图面表达方面，该作业色彩丰富且搭配合理；
线条清晰并能很好的展现快速设计的魅力；整个图
面构图严谨，布局合理；分析图能够很好地反映出
方案的设计特点。

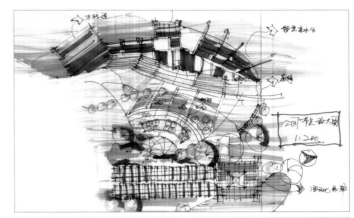

节点设计

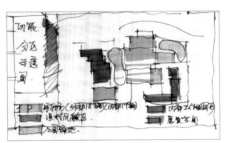

功能分析图

开敞空间分析图

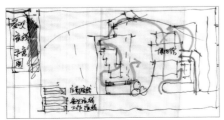

出入口及标高示意图

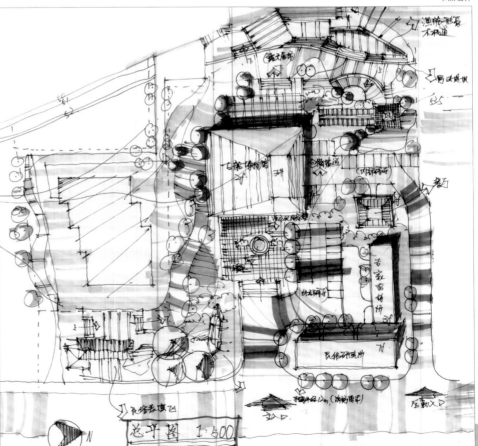

4 未来住区设计
Future Residential Community Area Design

学生姓名：郑晨

指导教师：邢军

教师评语：设计者通过一系列清晰的表达为我们描摹了一个环境遭受污染和破坏后人类未来住区的情境，展示了设计者充分的想象力。设计者又通过将现代技术与未来推理结合，使设计本身的逻辑得以完善，并通过训练有素的表达将整个故事呈现给我们，达到了"未来住区"这一快题重在激发同学想象力和创意，并加强快速表达训练的课程目的。

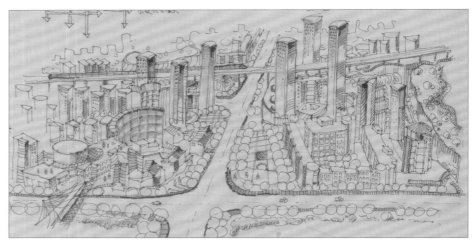

中心住区鸟瞰图

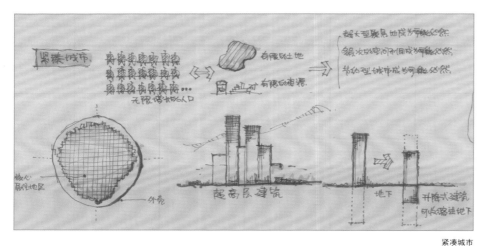

紧凑城市

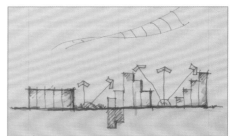

可变化的开放空间

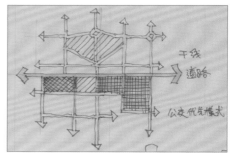

TOD 模式

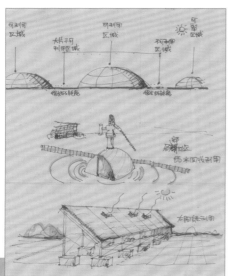

环境共生

生态措施

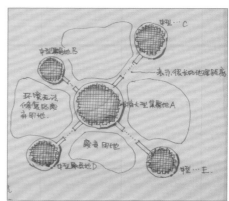

平面布局图

城市设计
Urban Design

课程要求：

  本课程设计要求同学围绕城市规划专业指导委员会年会主题，自定设计基地以及设计主题，构建有一定地域特色的城市公共空间。

① 用地规模：20～40公顷；

②设计要求：紧扣主题、立意明确、构思巧妙表达规范，鼓励具有创造性的思维与方法；

③表现形式：形式与方法自定，每人提交A1图版以及相应电子文件（jpg格式，分辨率不低于300dpi）。

课程学时：

  64学时

1 绿舟——江北船厂地区更新改造设计
Jiangbei Original Shipyard Space Transformation Design

学生姓名： 许雪琳、秦春洪

指导教师： 吕飞、戴锏

教师评语： 该作业为对哈尔滨市松花江北岸旧船厂地段进行相应的城市设计，规划用地面积38公顷。该组成员的设计作业拟对哈尔滨市的松花江北岸的废弃船厂进行生态农业转型，从而激发其周边的活力，形成一个以农业观光为特色的旅游产业新区域。在这片区域倡导健康、生态、无污染的新生活，为一个受到食品污染困扰的都市，一个吵闹喧嚣的都市，创造一片净土。该组同学的设计作业色彩清新，以绿颜色作为主色调，吻合了"绿舟"这一设计主题，并且使人自然而然地联想到生态的概念。该作业从对区位的分析、文脉的分析入手，推导出对设计地段的改造策略，并梳理出以舟生洲、人文生脉、滴水生叶的设计概念，完整地向大家展示了一幅城市生态氧吧的美好画卷。

3.船文化

船舶种类较多，在岛上行走，沿江随处可见各种船只，散落摆放。造船厂里还有很多大型船只，东北地区最大的船舶"东乙号"就是出自这里，成为当地船文化的代表之一。

4.农业生活

小岛上虽有船厂这种大型产业的存在，但人却延续着质朴的农业生活。虽然没有大片的田地，但是居民在楼与楼中间开出面积较小的田地，种植菜瓜果，田园生活的氛围浓厚。在小岛的集市上，很多蔬菜瓜果都是岛上居民自家生产的。在食品安全成为焦点的当下，这种无污染的农作物的种植成为了人们关注的热点。农业旅游观光业发展迅速，我们将利用这一契机，将小岛的农业生活发展下去，成为小岛转型的动力。

1.历史韵标志

高耸的烟囱，水塔，大型吊车组，防御地堡为船厂鉴证其曾经辉煌。现在的江边停泊着大量船只，但多为维修与废弃船只。由于小岛受到沙俄管理一段时间，现存标志性教堂置两座。由于船厂的衰败，人员的流失，社区没有对这些历史标志物进行保护。在江对岸的鼠岛，依稀可见船厂独有的标志物，成为小岛的特色之一。对于具有历史特色的标志物及建筑物，我们应给予积极的保护，并保留其原有的自然机理，让这种历史的标志延续下去，同时传承船厂历史，以及中东铁路的发展。

现状特色空间分析

现状路网系统分析

现状岸线使用情况分析

现状生态系统分析

具有保护价值建筑分析

现状建筑质量分析

4.生态与生活

小岛的生活较为闭塞，但具有一定的生态发展的基础，岸线处理自由，船厂内有大片绿地。基础设施的缺乏使生活垃圾极盛待清理。由于岛上现在以老年人居多，小岛的活力逐步减退。岛上的机动车较少，自行车，人力车较多，但在当地生活的居民并未感到不方便，他们更倾向于这种小尺度的步行生活空间，但对外来者较为不便。

文脉分析

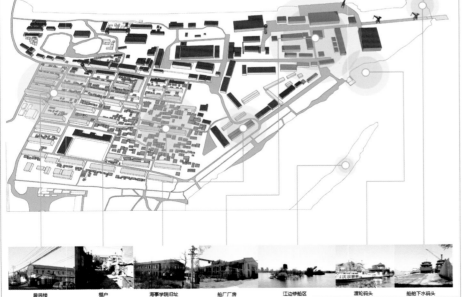

居民楼　　棚户　　海事学院旧址　　船厂厂房　　江边修船区　　渡轮码头　　船舶下水码头

场地现状

春季

夏季

秋季

冬季

公共空间四季景观

区位分析

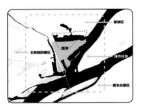

基地位于松花江南北岸之间，面积38公顷，周边区域均为哈尔滨人流聚集较多的区域，临近城市最重要的公共活动空间--太阳岛及中央大街。

基地三面环水，主要交通依赖滨州铁路桥与水上的轮渡。沿铁路桥将在近几年建成新桥以便捷联系两岸南北交通。岛上现存居住区为原船厂职工宿舍。社区人口1385户，4052人。

位于城市的新老城区之间，与太阳岛风景区相连，是城市之外的一个小舟，又是城市之内的重要连接点。

设计说明

地段选定江北船厂地区，设计面积38公顷。废弃的江边船厂是被城市遗忘的一叶小舟。本设计对哈尔滨江北逐渐废弃的船厂进行生态农业转型，激发其周边的活力，形成一个以农业观光为特色的旅游产业新区域。在这片区域，我们倡导健康，生态，无污染的新生活，为一个受到食品污染困扰的都市，一个吵闹喧嚣的都市，创造一片净土。营造良好的"自然氧吧"，打造生态休闲都市农业品牌，引领都市绿色消费潮流，使该地区成为松花江上的一叶绿"舟"。

基地调研总结

现有人群组成结构分析

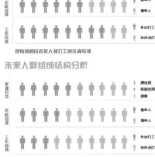

现有岛民老年人及打工居住者较多

未来人群组成结构分析

随着产业转型，带来更多青年人工作机会，生态农业的前景发展将引来更多游客。

策略推导

原生文化保护

农业观光体验

都市农庄模式

原有居住肌理保留

多元文化融合

生态技术推广

生态农业教育

新型生态住区

产业衰败的 船厂 →
活力减退的 小岛 →

概念解析

1.以 舟 生 洲——发展城市文脉

2.人 文 生 脉——发展生态农业

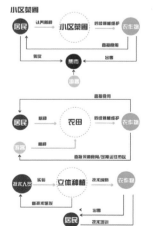

3.滴 水 生 叶——传输能量 激活小岛

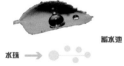

水珠
将基地抽象成一片盛满水滴的绿叶。水珠转化为基地的蓄水池，为整片绿洲提供养分。

绿带、收集道

叶脉转化为小岛的绿带与汇水道，将蓄水池的存水输送到各个区域。叶脉组成的道路将人流输送到各个分区。

对外主入口

叶茎转化为对外主入口连接外部，并为游客集散的主要区域。

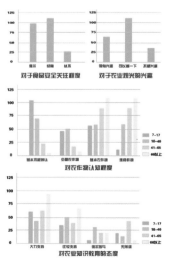

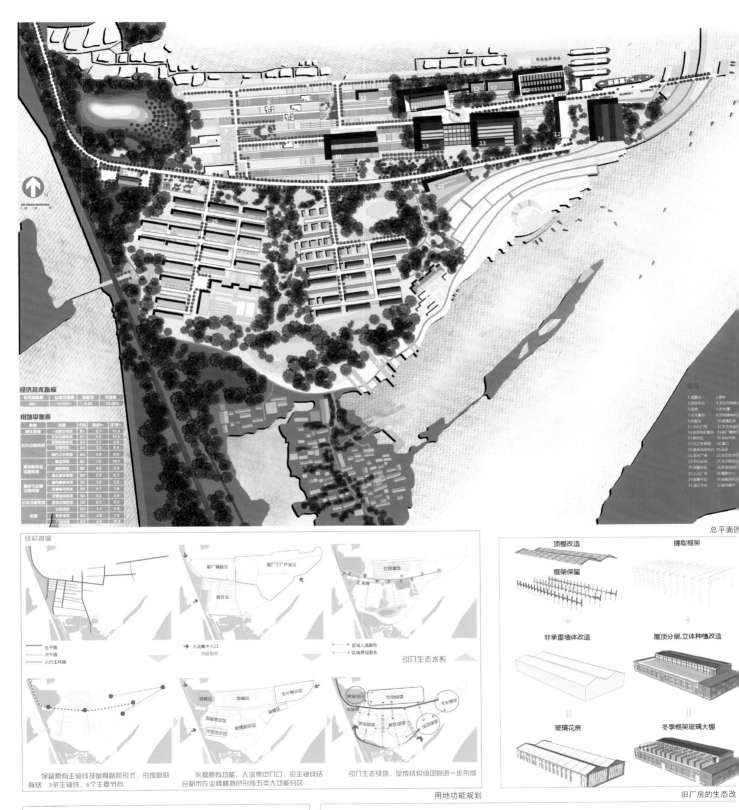

鸟瞰图

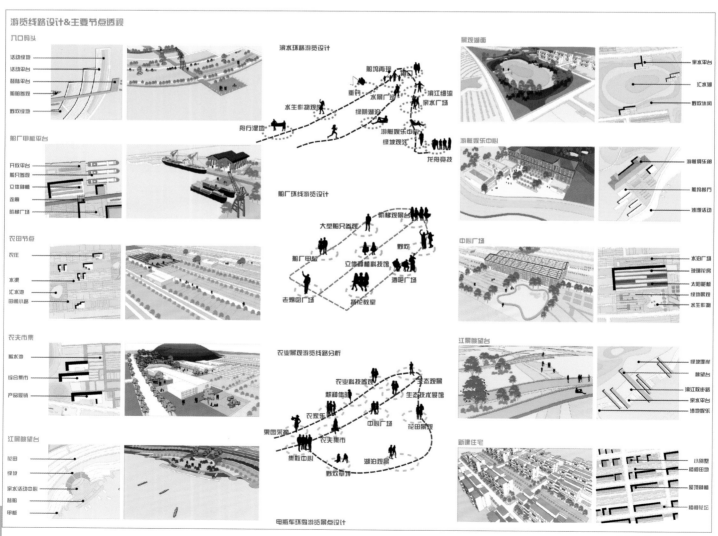

游览线路设计&主要节点透视

生态体验农田

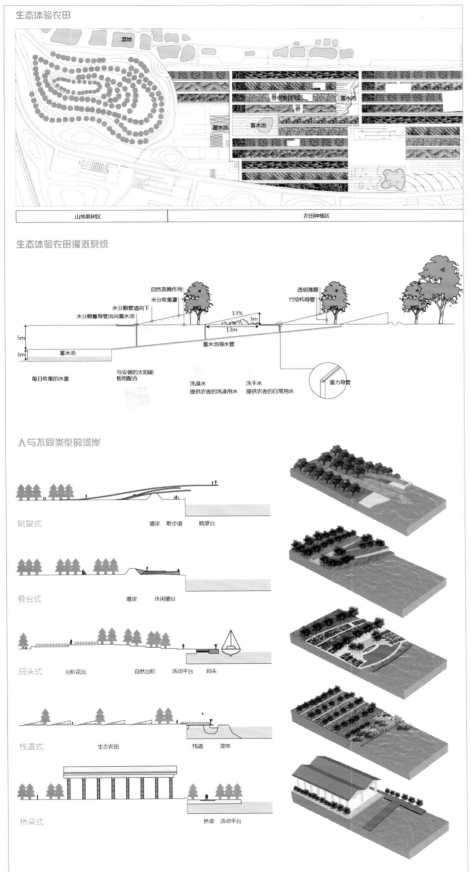

| 山地果树区 | 农田种植区 |

生态体验农田灌溉系统

人与不同类型的河岸

场地蓄水量与降水量关系

通过地形变化，将小岛上的降水和地下水积蓄在低洼地形中，因江水量不同形成大小不同的水池，这些水池在雨季形成水池景观的同时储蓄水量；当旱季来临时，蓄水池的水可灌溉农田，干涸后形成绿地景观。

降水量：0.2mm

降水量：20mm

降水量：40mm

降水量：100mm

降水量：170mm

81

2 启·航——哈尔滨江北船厂地区更新改造设计

Jiangbei Original Shipyard Space Transformation Design

学生姓名： 姜雪、付琳莉

指导教师： 吕飞、戴锏

教师评语： 该设计作业以"启·航"为设计主题，围绕黑龙江省哈尔滨市江北旧船厂工业区进行改造设计。该设计首先从自然生态特色、建筑形态特色、生产生活特色、历史文化特色等方面入手对设计地段的区位及地理特色进行了详尽的介绍和分析，与此同时该组学生也对设计地段的业态分布以及需求定位进行了相应的阐述，在此基础上梳理出整个设计的规划定位、规划目标以及支撑目标的规划理念。在整个过程中，除了从城市设计角度宏观地审视设计地段之外，该组学生还对生态与技术、改造与利用等细节问题进行了深入的探讨。

交通流线分析

建筑功能分析

建筑质量分析

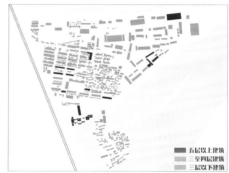

建筑高度分析

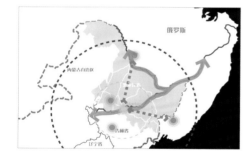

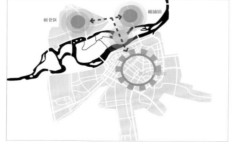

区位分析

综合现状图

逐渐兴起的"船模热"

自然生态特色

江北船厂地区三面环水，周边景观优美宜人。地段内部绿化覆盖率较高，有较多的绿植覆盖和大量天然生态景观。地段内有多种野生花卉，房前屋后有自家栽种的果蔬农作物，同时这里也是太阳岛风景区鸟类孵化基地。岸线除船厂区外，均为自然生态状态，未经人工化外理。岛上人工环境较差，尚无完善的给排水系统和垃圾回收处理系统，生活垃圾的随意堆放在一定程度上破坏了生态景观。

建筑形态特色

该地区建筑以低层为主，船厂员工住宅为低层和高层混合，小渔村和棚户区均为低层多层跨形式。船厂厂工区建筑密度较低，建筑体量较小。该地区建筑以双坡屋顶为主要形式，建筑材料以红砖为主，建筑立面色彩以红黄为主。船厂厂工区居住宅以行列式组织，船厂厂工区建筑不规则散布在厂区内，小渔村和自建棚户区均为自组织形成，建筑排布无规律。

生产生活特色

该地区主要产业为造船业，但北方船舶有限公司正逐步走向衰败，厂厂经营已不景气。小渔村居民以打渔和销售为生，收入较低。部分居民在自家的屋后进行植种和养殖，基本可以达到自给自足。总体来说，该地区居民经济来源单一，收入微薄，生活水平较差。但当地居民的生活氛围良好，没有竞争压力，以慢节奏生活。邻里间关系和睦融洽，居民常有一起聊天阅读，并自发的组织一些集体活动。

历史文化特色

该地区是哈尔滨江北船厂的所在地，具有悠久的船文化历史。当地居民见证了哈尔滨市航运事业的兴盛与衰败，也见证了江北船厂的兴与衰。当地的造船技术和渔民文化是当地的重要特色，但由于地理位置和交通等原因，并没有很好地将此地为城市市民所熟知。同时，当地居民还有自己的特色农家菜、特色手工艺品制作，这些民间文化都是快速发展的大都市生活圈中正逐渐流失的宝贵财富。

专业性差

由于"船模热"的兴起，船模制造和后续培训申申变时开为十变急，目前哈尔滨江北区已有的船模训练场地较缺乏，船模制造及后续曲验乞专业相关，技术水平参不齐等。

专业性差

由于中小学校对学生系所教的专水平参差不齐的船品，手工制作部力的后续也成为当代学生的事修课船模制造因其由自制造材料简单专段，制造工艺制海性强相品性强品性领较特色，历年未受学校神种培养，本陆升量的"造船热"

场地性差

船模运行多在自律的临时水潭中或公园水潭游泳中申申，缺乏专业的比赛场地，局限了爱赏了的发展。

地域特色分析

策略1：聚
游艇俱乐部活动场地
船模训练水池
游艇俱乐部码头亲水平台
船模比赛水池

比赛训练区以水面为中心组织建筑，建筑呈发散式布局。将人流引入核心活动区，成为整个地区的活力中心点。

构成策略 1

策略2：合
船模试验水道
船模制造区
船厂区亲水平台
船舶教育基地

船厂区以组团的形式组织建筑空间。以保留的老厂房为中心，加建小体量新建筑，围合成独立院落。新老建筑结合，突出强烈了时代对比感。

构成策略 2

策略3：间
居住区组团绿化
居住区小学校
生态公园
商业街

保留的居住区总体形式为行列式，配置小学校、居委会、社区活动中心等服务设施。该区域关注对外部空间的改造。

构成策略 3

活动策略——游艇俱乐部消夏节

活动策略——船模竞技比赛

船厂生产造成污染使周边环境被破坏

引入清洁工业形式保护生产生活环境

居民工作形式单一居民生活方式单调

复合产业联动模式丰富休闲娱乐空间

船厂逐渐走向衰败船舶文化记忆缺失

保留厂房置入功能文化记忆传承传播

土地价值开发不足地理资源未被开发

经济效益逐渐便地理优势得到利用

居民配套服务设施
船舶文化教育启蒙
产业
商业
体闲
博物馆
娱乐
配套功能休闲娱乐
珍稀鸟类孵化基地

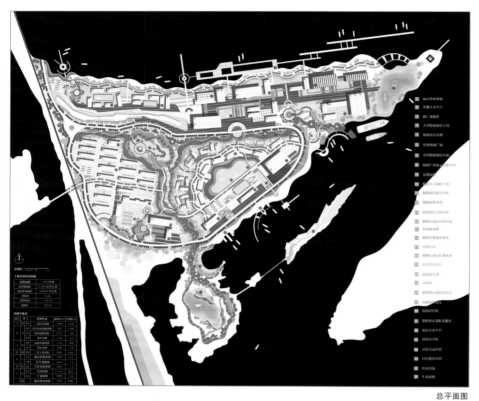

总平面图

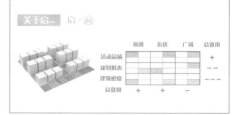

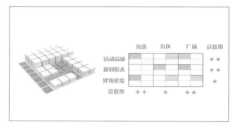

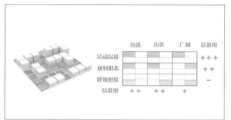

规划理念——启·时

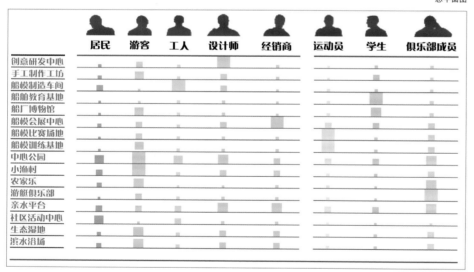

规划理念——启·时

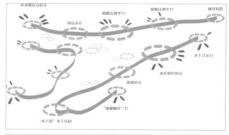

规划理念——航·游憩创忆

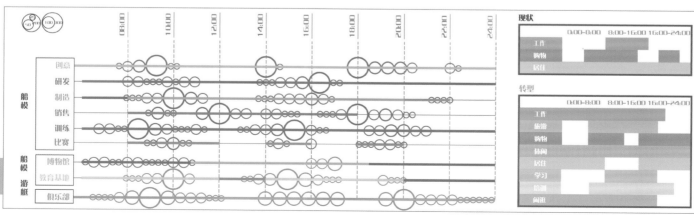

规划理念——启·时

鸟瞰效果图

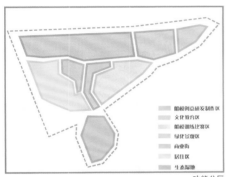

功能分区

交通流线

节点透视图

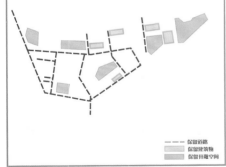

保留分析

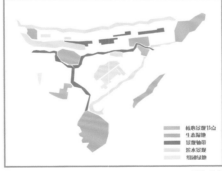

绿化分析

节点透视图

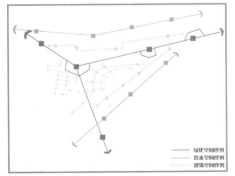

开放空间

滨水空间

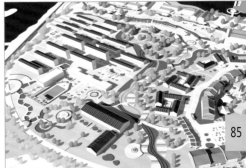

节点透视图

3 各乐其音·同抒一奏——基于复调理论的城市音乐聚落群设计
Urban Design of Music Settlement Group Based on the Polyphonic Theory

现状道路系统分析

公共停车场
公交站点
海城桥
现有道路

现状保留建筑分析

保留厂房
保留铁轨
铁路设施

现状建筑质量分析

质量较好
质量一般
质量较差
质量很差

现状建筑层数分析

1—2层
3—5层
5层以上

学生姓名：李策、李硕

指导教师：李罕哲、董慰

教师评语：该方案所选基地，位于城市火车站附近的铁路沿线，原为铁路附属设施用地，现已废弃。该基地周边城市交通较为复杂，但内部交通可进入性较差，是一处典型的城市失落空间。该方案通过城市历史文化研究和基地解读，为该地段引入"城市音乐聚落群"这一新的功能，迎合了城市需求，同时实现了周边社区的利益诉求。通过引入新的建筑街区，同时创造性地整合运用基地现有资源，包括铁轨、废弃厂房、高架桥下空间等，为本地的发展注入活力，为城市铁路沿线失落空间的积极化提供了一种新模式。

车行：打通、禁止、限宽

步行：与铁轨结合、与绿化结合、与公共空间结合、与桥下空间结合

空中廊道：观景、连接、穿越

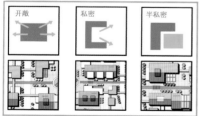

公共活动：开敞、私密、半私密

音乐聚集：围合、渗透、联系、影响

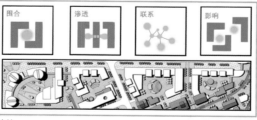

桥下活动：停车空间、商业、绿化

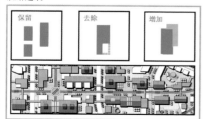

铁路建筑：保留、去除、增加

铁轨：铁路机理、景观步行、绿化、广场

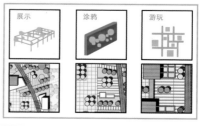

铁路设施：展示、涂鸦、游玩

规划策略

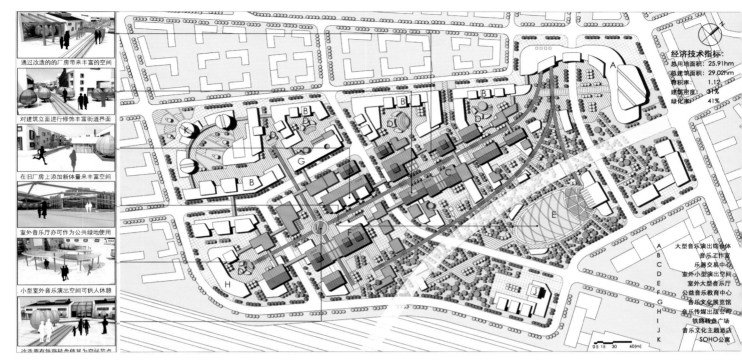

通过改造的的厂房带来丰富的空间

对建筑立面进行修饰丰富街道界面

在旧厂房上添加新体量来丰富空间

室外音乐厅亦可作为公共绿地使用

小型室外音乐演出空间可供人休憩

改造原有铁路转角使其成为空间节点

经济技术指标:
总用地面积: 25.91hm
总建筑面积: 29.02hm
容积率: 1.12
建筑密度: 31%
绿化率: 41%

A 大型音乐演出综合体
B 音乐工作室
C 乐器交易中心
D 室外小型演出空间
E 室外大型音乐厅
F 公益音乐教育中心
G 音乐文化展览馆
H 音乐传媒出版中心
I 铁路转盘广场
J 音乐文化主题酒店
K SOHO公寓

0 5 15 30 60(m)

总平面图

■ 保留建筑　● 大型演出空间
■ 新建建筑　○ 小型演出空间

表演空间

■ 保留建筑　● 景观节点
■ 新建建筑　　绿化覆盖区

绿化场地

■ 保留建筑　○ 音乐工作室群
■ 新建建筑

创作空间

■ 保留建筑　── 林荫道系统
■ 新建建筑　── 保留铁道线路
　　　　　　　── 上层室内廊道

交通类型与流线

■ 保留建筑　○ 展览设施与空间
■ 新建建筑　○ 室外休憩交流空间

展览休憩空间

■ 保留建筑　● 音乐培训教育设施
■ 新建建筑

培训空间

■ 保留建筑　● 音乐主题商业设施
■ 新建建筑

商业空间

基于复调化理念,在具体功能和空间布局上将场地内
划分为各个小聚落,不同聚落间的相同功能相互联系
,同一聚落中的不同功能相互配合,且有主次之分,
体现复调"每个群体相互配合且相互独立"的思想。

聚落间关联

分期建设

87

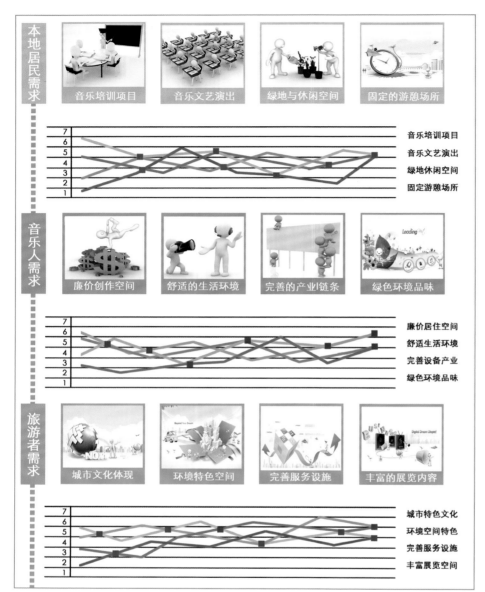

需求分析

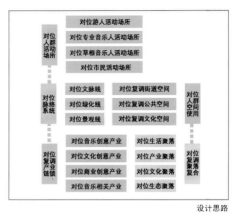

设计思路

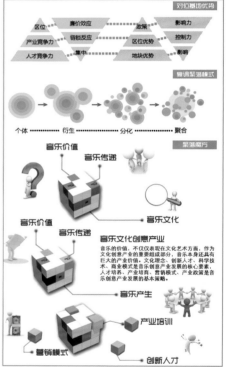

理念分析

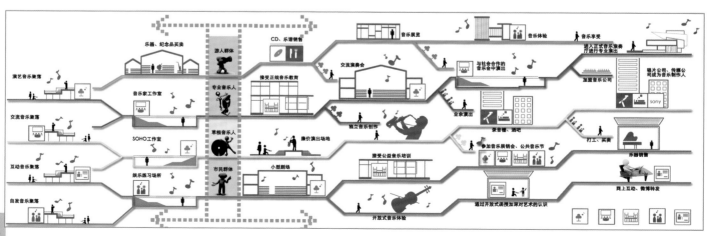

人群复调化

鸟瞰效果图

音乐酒吧
乐器交易中心
半室外演出空间
小型休闲场地

半室外休闲空间
室外休闲演出场地
音乐人会馆
音乐文化展览馆

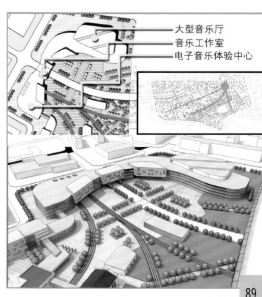

大型音乐厅
音乐工作室
电子音乐体验中心

4 撒网文化——哈尔滨道外区滨水空间设计
Waterfront Space Design of Daowai District Harbin

学生姓名： 张威涛、于婷婷
指导教师： 李罕哲、吕飞、邱志勇、薛滨夏

教师评语： 该方案所选基地是城市中的高敏感度地段，紧邻历史文化保护街区，同时属于城市滨水区，具有相当的挑战性。该方案本着人文主义的价值观，从社会学和文化人类学的视角，对道外老城区的历史沿革、文化脉络、社会生活特征等人文要素进行了深入剖析，搭建起区域文化结构。以此为基础，结合对城市滨水区空间价值的认识，对基地的功能构成、交通组织、空间尺度与模式、活力构成要素进行了研究，并最终体现在物质空间环境当中，很好地体现了基地所在区域在城市未来发展中价值。

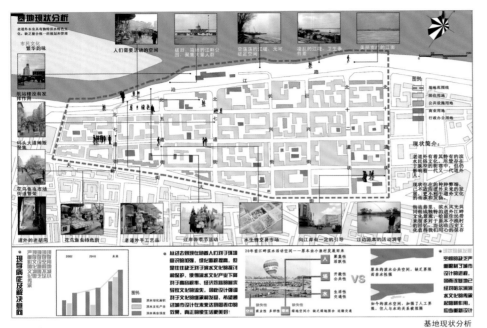

基地现状分析

文化调查分析

总平面图

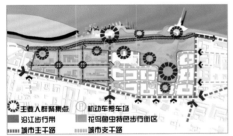

交通系统分析

绿化系统分析

节点布局分析

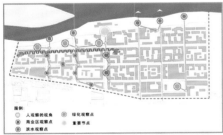

视线阻碍分析

公共空间分析

局部透视 1

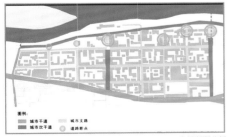

交通断裂分析

基地整改示意图

局部透视 2

鸟瞰效果图

架空廊架表现

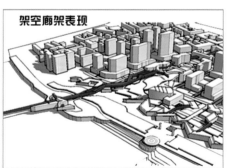

架空廊架表现

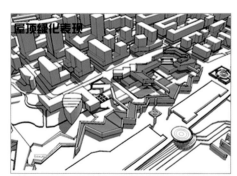

屋顶绿化表现

水景观表现

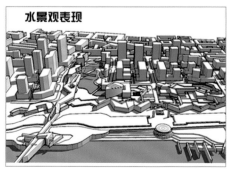

水景观表现

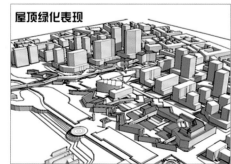

屋顶绿化表现

5 何解？合解！——传统历史街区保护更新设计
The Protection and Renewal of the Traditional Style Area Design

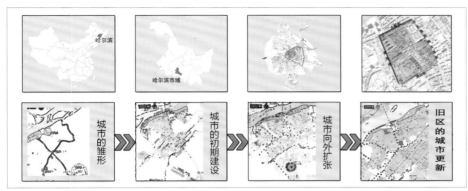

方案建筑高度

学生姓名：穆伟东、林欣

指导教师：吕飞

教师评语：该设计为哈尔滨市道外区"中华巴洛克"传统街区改造城市设计。该组成员在对区位与历史纬度分析的基础上，对该区域的人群特征、文化特征、场地现状等内容进行了细致的研究，并结合上位规划提出了相应的设计目标和改造策略。该组同学对于"中华巴洛克"传统街区这一设计客体，充分运用了各种手段挖掘其可能存在的设计潜力，从而提出了行之有效的改造建议。在图面表达方面，该组同学的作业图面色彩虽不艳丽，但搭配却非常合理，重点突出、意图明确；整个作业的构图清晰合理，很好地表达该组同学的设计意图。

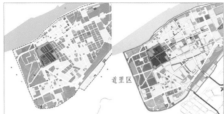

上位规划分析

院落——由于缺乏管理，导致乱搭乱建现象严重，使得传统居住院落空间丧失其完整性，且环境质量严重下降

胡同——对建筑不合理的搭建与拆除分别导致胡同这一特色空间的消逝与形态的不完整

街道——空间较完整；人与车的矛盾，使场地内街道空间的步行的连续性与舒适性较差。

开放空间节点——整体缺乏，布局离散，各开放空间之间缺乏联系，且形态不完整，缺乏场所感。

场地现状分析

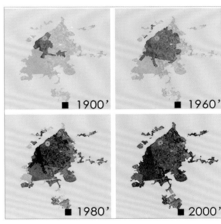

上位规划分析

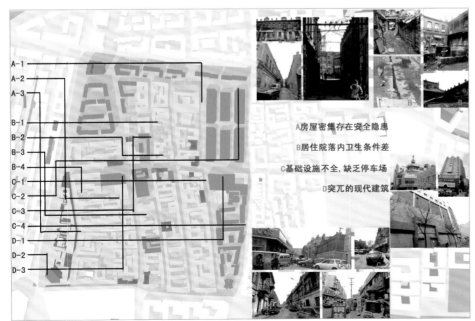

A房屋密集存在安全隐患

B居住院落内卫生条件差

C基础设施不全，缺乏停车场

D突兀的现代建筑

场地现状图

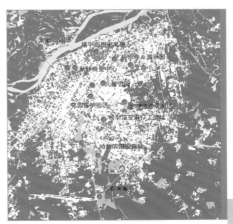

上位规划分析

街道改造

形成商业混合业态，恢复住日靖宇街活力，引入老字号，渲染商业文化氛围

建筑分布策略习俗——前进或后退突出自己

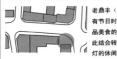 

老鼎丰（老字号）有节日时挂灯笼，品美食的习俗，因此结合转角形成赏灯的休闲空间

合理控制车型与车速，恢复以步行为主的人车混行的街道记忆

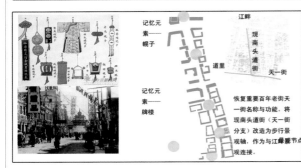

记忆元素——幌子

记忆元素——牌楼

江畔
现南头道街
道里
天一街

恢复重要百年老街天一街名称与功能，将现南头道街（天一街分支）改造为步行景观轴，作为与江畔观景节点观连接。

院落改造

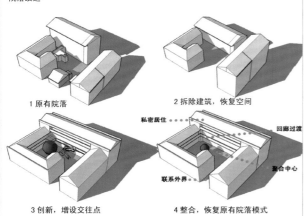

1 原有院落

2 拆除建筑，恢复空间

私密居住
回廊过渡
聚合中心
联系外界

3 创新，增设交往点

4 整合，恢复原有院落模式

办公区
高层住宅区
市井生活区
购物休闲区
娱乐休闲区
低层住宅区
文化区

功能分区

车行为主
步行为主
人车混行
步行主要节点

交通分析

主要景观流线
主要景观节点

景观分析

空间场所性与记忆恢复（针对各种类型空间，以恢复原有记忆元素、功能、空间形态与基本模式为原则。）

商业性胡同基本模式图

橱窗展示区
步行区

商业性胡同一般为6到7米，特征为胡同两侧建筑的橱窗展示，使商品与行人互动

市场性胡同基本模式图

摊位区
步行区

市场性胡同一般为5到6米，摊位集中在一侧，保证步行的舒适与连续

休闲性胡同基本模式图

散放的坐椅
休闲节点
步行区

休闲性胡同一般为5到6米，可结合建筑后退形成空间节点

纯交通性胡同基本模式图

步行区

纯交通性胡同一般为2到4米，最窄为1米，形成一种空间体验

胡同改造

场（工作）
宅（居住）
店（工作）

传统上宅下店、前店后场的商业模式

居住
工作

居住工作分离状态下人所受应力分析

居住+工作
居住+工作

居住工作混合人所受应力消解

仓买 五金 理发 面馆 砂锅 冷饮厅
药店 服装店 仓买 酒吧 古玩店 礼品店

街道、市场商业混合业态

必要消费
刺激 刺激
刺激 刺激
增加必要消费种类，促进额外消费

线性混合商业的优点

重塑传统商市风貌

恢复传统空间与人际关系

文化融合

商业　　　60691　　82584
办公　　　3931　　　21190
文化　　　4813　　　30388

生态景观天桥

保留建筑

保护建筑
入口广场

高层办公
传统民居
鱼市胡同
张包铺胡同
– 特色小吃
北二道街市场

餐饮休闲
品茶庭院
国泰影院
靖宇街商业轴
牌坊
同记商场
手工艺作坊

咖啡小院

雕塑广场
仁义巷
旅馆体验

特色酒吧
新市巷

民俗文化馆
服饰精品店
染房胡同
步行商业
圈楼购物广场
表演广场

入口广场

大新街

高层住宅
多层住宅

特色小吃
松光电影院胡同
街边小广场
北三道街市场
天一街步行轴
中国农业银行

小公园
正阳楼酒楼
老鼎丰糕点店
世一堂药店

戏馆
书馆
健身广场
茶馆
酒馆

民俗节目广场

多层住宅
现代艺术家工作
民俗艺术家作坊
艺术商品店
街头绿化

景阳街

商市道街

南勋街

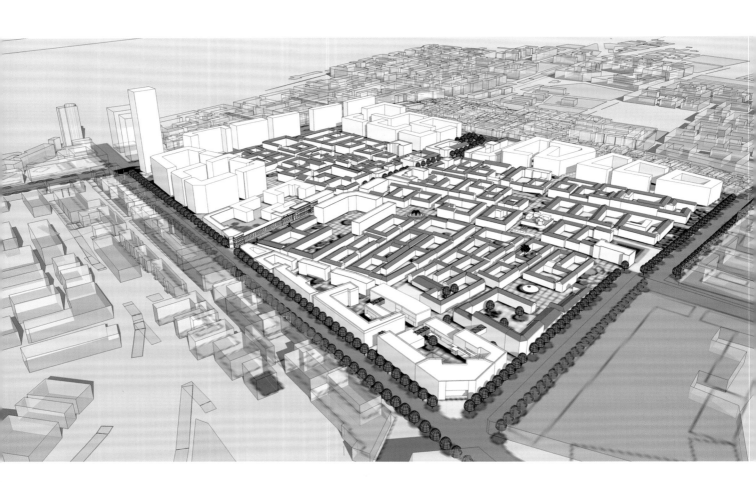

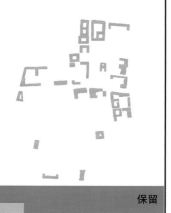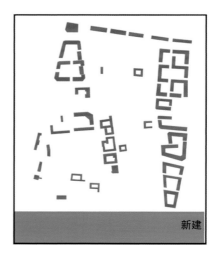

保留

改造

新建

方

毕业设计
Graduation Design

课程要求：

　　毕业设计全面检验学生基础理论掌握的情况、技能的熟练程度以及分析和解决问题的能力。通过实际的项目设计，要求学生综合运用所学知识分析问题和解决问题。

教学内容：

　　第1周规划师业务实践检查：提交业务实践成果，由毕业设计指导教师以评阅与答辩相结合的方式，按相关专业《业务实践任务书》成果要求检查和验收，给出综合评价，评定成绩。

　　第2周毕业设计开题：下达正式毕业设计任务书，分析毕业设计选题，从整体上指导学生进入毕业设计。

　　第3～14周按照毕业设计任务书与毕业时间安排表完成相关设计任务。

课程学时：

　　8周

1 绥化市西部新区控制性详细规划及城市设计
The Regulatory Plan and Urban Design of the West New District in Suihua City

学生姓名：韩露菲

指导教师：邢军、陆明

教师评语：该毕业设计针对设计地段作为新区"商业金走廊"这一定位，设计者研究了国内外商业中心规划的成功案例，总结出商业中心的主要设计特征。在此基础上应用国内外先进理念，对新区商业的区位选择、业态定位、空间布局、交通组织、景观环境、行为活动等进行了规划设计。设计过程中，设计者较好地把握了各部业态之间的功能联系和空间组织，创造了富有活力的购物休闲环境。

纵观整个设计，设计分析和相关研究深入，规划理论应用适当，设计成果内容丰富、系统，控制性详细规划和城市设计图则导则内容完整规范，图面表现效果良好，达到优秀毕业设计水平。

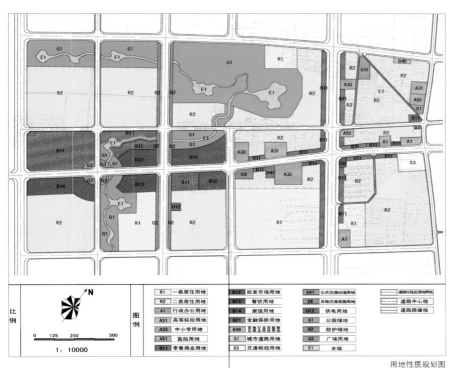

用地性质规划图

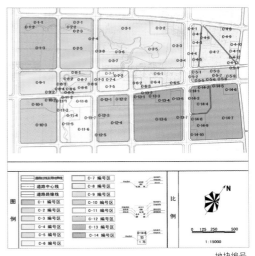

地块编号

地块标号	用地类别	用地性质	用地面积（hm²）	容积率（万m²/ha）	绿化率（%）	建筑密度（%）	建筑限高（m）	地块标号	用地类别	用地性质	用地面积（hm²）	容积率（万m²/ha）	绿化率（%）	建筑密度（%）	建筑限高（m）	地块标号	地块标号	用地类别	用地性质	用地面积（hm²）	容积率（万m²/ha）	绿化率（%）	建筑密度（%）	建筑限高（m）
C-1-1	G1	公园绿地	7.34	--	80	--	--	C-4-5	R2	二类居住用地	1.6					C-6-3	C-10-2	G3	广场用地	0.3	--	30		
C-1-2	E1	水域	1.69	--	0	--	--	C-4-6	S4	交通场站用地	1.02					C-6-4	C-10-3	R2	二类居住用地	18.38	1	40	19	21
C-1-3	R2	二类居住用地	20.04	--	40	17	54	C-4-7	R2	二类居住用地	10.71					C-6-5	C-11-1	G3	广场用地	0.23	--	30		
C-2-1	G1	公园绿地	4.1	--	80	--	--	C-4-8	B49	其他公共设施配套网点用地	0.52					C-7-1	C-11-2	G3	广场用地	0.08	--	30		
C-2-2	E1	水域	0.99	--	0	--	--	C-4-9	R21	住宅用地	6.38					C-7-2	C-11-3	G1	公园绿地	2.11	--	80		
C-2-3	G1	公园绿地	2.17	--	80	--	--	C-4-10	A31	高等院校用地	0.92					C-7-4	C-11-4	E1	水域	1.56	--	0		
C-2-4	G2	防护绿地	1.27	--	90	--	--	C-4-11	A51	医院用地	0.53					C-7-5	C-11-5	G1	公园绿地	4.49	--	70		
C-2-5	R2	二类居住用地	16.43	1	40	17	54	C-4-12	G1	公园绿地	0.16					C-7-5	C-11-6	R1	一类居住用地	8.79	0.4	40	11	10
C-3-1	G1	公园绿地	26.44	--	60	--	--	C-4-13	B11	零售商业用地	0.36					C-8-1	C-11-7	G2	防护绿地	1.13	--	90		
C-3-2	R1	一类居住用地	3.46	1.4	40	12	75	C-5-1	A51	医院用地	0.38					C-8-2	C-11-8	B13	餐饮用地	3.12	0.5	35	24	12
C-3-3	B11	零售商业用地	1.71	1	30	51	8	C-5-2	B11	零售商业用地	0.2					C-8-3	C-12-1	B11	零售商业用地	2.36	2	25	49	30
C-3-4	R2	二类居住用地	12.53	2.6	40	28	75	C-5-3	R2	二类居住用地	5.06					C-8-4	C-12-2	B12	批发市场用地	2.37	1.8	25	46	30
C-3-5	E1	水域	--	--	0	--	--	C-5-4	A1	行政办公用地	0.12					C-8-5	C-12-3	U12	供电用地	0.36	0.5	40	30	6
C-3-6	G1	公园绿地	6.76	--	80	--	--	C-5-5	B31	娱乐用地	0.57					C-8-6	C-12-4	R2	二类居住用地	15.64	1	40	19	21
C-3-7	R2	二类居住用地	5.38	1.6	40	20	75	C-5-6	B11	零售商业用地	0.24					C-8-7	C-12-5	G2	防护绿地	1.14	--	90		
C-3-8	G2	防护绿地	1.26	--	90	--	--	C-5-7	A1	行政办公用地	0.49					C-8-8	C-13-1	S9	其它交通设施用地	0.85				
C-4-1	B11	零售商业用地	0.89	--	--	--	--	C-5-8	B11	零售商业用地	0.22					C-9-1	C-13-2	B11	零售商业用地	0.24	--	--		
C-4-2	R2	二类居住用地	1.41	--	--	--	--	C-5-9	A1	行政办公用地	0.61					C-9-1	C-13-3	H41	军事用地	0.52	--	--		
C-4-3	A33	中小学用地	1.08	--	--	--	--	C-6-1	R2	二类居住用地	7.51					C-9-2	C-13-4	A33	中小学用地	2.76	--	--		
C-4-4	B11	零售商业用地	0.73	--	--	--	--	C-6-2	A33	中小学用地	1.28					C-10-1	C-13-5	R2	二类居住用地	5.16	--	--		

比例

1:12000

0 125 250 500

图例

已开发用地
容积率0.6以下
容积率0.6-1.0
容积率1.0-1.5
容积率1.5-2.0
容积率2.0-3.0
容积率3.0以上
道路红线及用地界线
道路中心线
道路边缘线

高强度开发示意　中强度开发示意　低强度开发示意

开发强度控制图

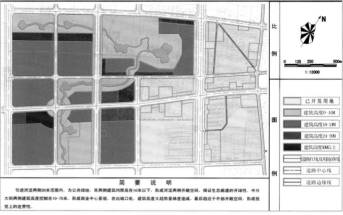

比例

1:12000

0 125 250 500

图例

已开发用地
建筑高度0-10M
建筑高度10-24M
建筑高度24-50M
建筑高度50M以上
道路红线及用地界线
道路中心线
道路边缘线

简要说明

引进河流两侧20米范围内，为公共绿地，其两侧建筑均保持高在10米以下，形成河流两侧开敞空间，保证生态廊道的开场性。中兴大街两侧建筑高度控制在10-75米，形成商业中心景观。在出城口处，建筑高度大趋势呈梯度递减，最后趋近于外部开敞空间，形成视觉上的连贯性。

建筑高度控制图

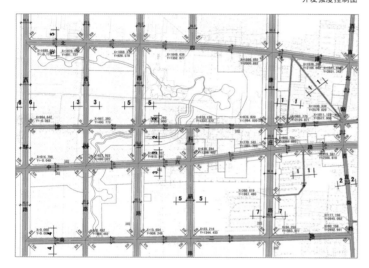

比例

1:10000

0 125 250 500

图例

道路红线及用地界线
道路中心线
道路边缘线
公交站停靠点

道路宽度标注

剖切符号

道路等级图表

道路等级	道路名称	道路红线宽度（m）	道路状况
城市主干道	康庄路	90	沥青铺地
	西环路	80	沥青铺地
	中兴路	60	沥青铺地
	西三路	60	沥青铺地
	北四路	60	沥青铺地
城市次干道	科研路	60	沥青铺地
	南二路	50	沥青铺地
	西四路	40	沥青铺地
	北二路	30	沥青铺地
	西直北路	30	沥青铺地
	西直南路	30	沥青铺地
支路	西市街	10	沥青铺地
	九三路	10	沥青铺地

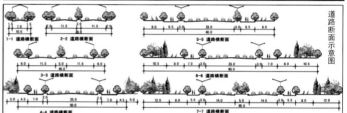

道路断面示意图

1-1 道路横断面
2-2 道路横断面
5-5 道路横断面
3-3 道路横断面
6-6 道路横断面
4-4 道路横断面
7-7 道路横断面

道路交通分析图

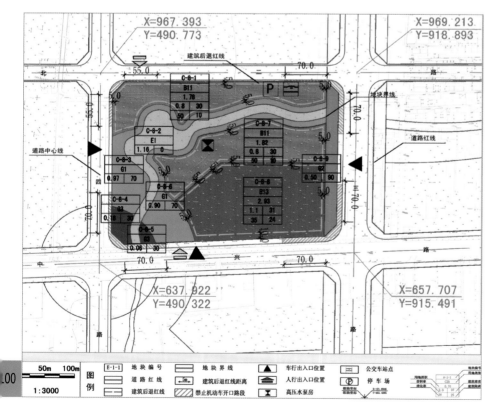

X=967.393
Y=490.773

X=969.213
Y=918.893

建筑后退红线

地块界线

道路红线

道路中心线

X=637.922
Y=490.322

X=657.707
Y=915.491

地块规划控制指标表

地块编号	用地性质	用地面积（hm²）	容积率控制	建筑密度（%）	建筑限高（m）	绿地率（%）
C-8-1	B11	1.78	0.8	30	10	50
C-8-2	E1	1.16	—			0
C-8-3	G1	0.97	—			70
C-8-4	G3	0.18	—			30
C-8-5	G3	0.06	—			30
C-8-6	G1	0.90	—			70
C-8-7	B11	1.82	0.8	30	10	50
C-8-8	B13	2.93	1.1	31	24	35
C-8-9	G2	0.50				90

地块编号	建筑面积（万m²）	配建车位（个）	建筑退后红线	公建配套项目
C-8-1	1.42	B11	E5, S5, W5, N5	P
C-8-2	—	E1		
C-8-3	—	G1		
C-8-4	—	G3		
C-8-5	—	G3		
C-8-6	—	G1		
C-8-7	1.46	B11	E5, S5, W5, N5	
C-8-8	3.22	B13	E5, S10, W5, N5	
C-8-9	—	—		

地块位置示意图

C-8 地块　分图图则图

50m 100m

1:3000

图例

E-1-1 地块编号
道路红线
5m 建筑后退红线
地块界线
建筑后退红线距离
禁止机动车开口路段
车行出入口位置
人行出入口位置
停车场
公交车站点
高压水泵房

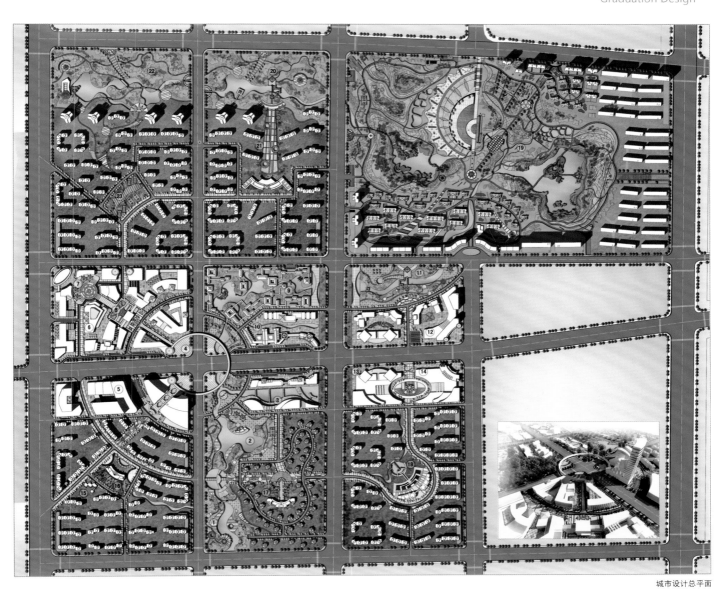

城市设计总平面

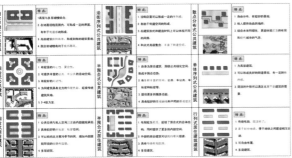

公共建筑及居住建筑模式分析图

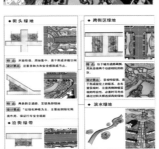

绿地模式分析图

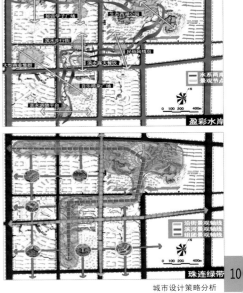

盈彩水岸

珠连绿带

城市设计策略分析

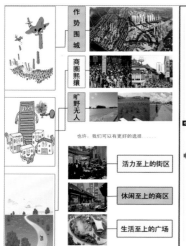

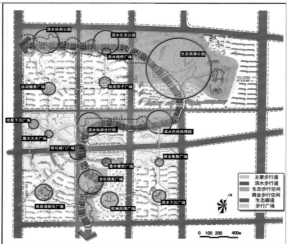

规划步行系统分析图

城湖共生

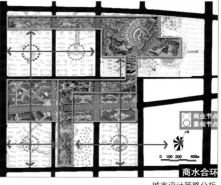

商水合环

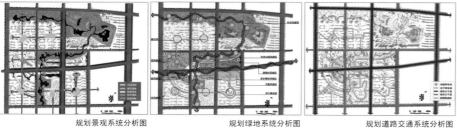

规划景观系统分析图　　　　规划绿地系统分析图　　　　规划道路交通系统分析图　　　　城市设计策略分析

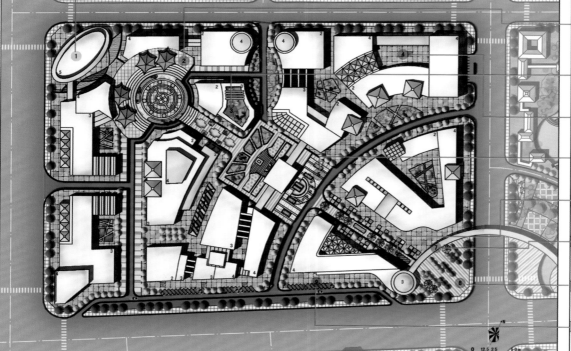

性建筑。作为景观主要视廊的收尾，建筑立面考虑设置较大的荧屏，供东南侧电影下沉广场使用。

2. 电影下沉广场

功能主要为购物城的顾客提供休闲空间，放映电影提升商区活力，吸引更多客源，丰富商业休闲形式。下沉的形式，使景观轴线层次丰富，增加公共空间的趣味性。

3. 屋顶花园休闲咖啡吧

紧邻中央艺术广场，在建筑第五立面上增加功能，既能丰富商业形式，同时也增加了俯瞰整个购物城的高点。

4. 商业展览主题空间

围合式建筑形成一处较为封闭相对独立的私密空间，可供周围商铺进行商业演艺、商品展览等活动。

5. 中央艺术广场

由绿化广场引的景观轴中一项大节点，主要以"艺术"为主题，提供艺术商业，比如人物画像等，同时也是购物城主要的一处集散广场。

6. 露天餐饮一条街

商街中央垫高，形成小商铺，打造露天美食一条街提供当地特色小吃。坐具风格宜采用欧洲风格，周围景观为人工水景与绿化的融合，提升环境品质。

7. 环街天桥

从公建伸出，环绕交叉口，连接对侧公建。形成立体环形天桥。避免在出城口交通人车混杂的情况。同时也是出城口的一处标志性景观。

8. 绿化城门广场

绿化出城口的一处集散广场，由于处于商业中心的核心位置，并且在出城口，急需一处缓冲交通和集散作用的广场。同时也是出城口的一处景观。

9. 停车场

为缓解出城口的交通与商业区的矛盾，增设环岛式停车场，为顾客提供临时地面停车。

大型商业购物城节点设计

2 友谊县产业园区控制性详细规划及其核心区城市设计

The Regulatory Plan Of Industral Park Of Youyi and Urban Design Of Its Central Aera

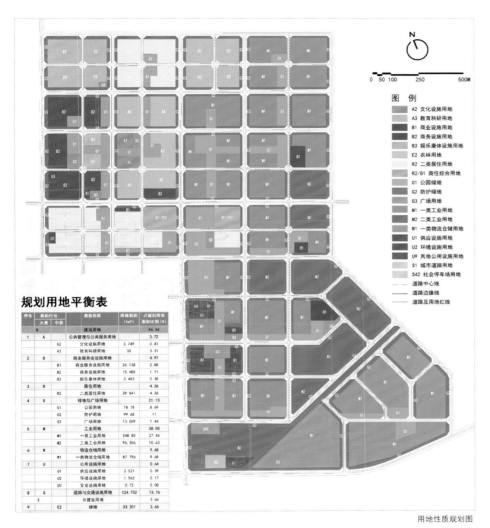

规划用地平衡表

序号	类别代号		类别名称	用地面积(hm²)	占规划用地面积比例(%)
	大类	中类			
	H		建设用地		96.34
1	A		公共管理与公共服务用地		3.72
		A2	文化设施用地	3.749	0.41
		A3	教育科研用地	30	3.31
2	B		商业服务业设施用地		4.97
		B1	商业设施用地	26.138	2.88
		B2	商务设施用地	15.485	1.71
		B3	娱乐康体用地	3.403	0.38
3	R		居住用地		4.36
		R2	二类居住用地	39.541	4.36
4	G		绿地与广场用地		21.13
		G1	公园用地	78.78	8.69
		G2	防护用地	99.68	11
		G3	广场用地	13.069	1.44
5	M		工业用地		38.08
		M1	一类工业用地	248.85	27.45
		M2	二类工业用地	96.356	10.63
6	W		物流仓储用地		9.68
		W1	一类物流仓储用地	87.756	9.68
7	U		公用设施用地		0.64
		U1	供应设施用地	3.521	0.39
		U2	环境设施用地	1.562	0.17
		U3	安全设施用地	0.72	0.08
8	S		道路与交通设施用地	124.702	13.76
	E		非建设用地		3.66
9		E2	耕地	33.201	3.66

用地性质规划图

学生姓名： 陈璐露
指导教师： 邱志勇

教师评语： 毕业设计教学的目的是培养学生综合运用所学知识解决实际问题，独立进行规划设计的能力，是对学生在校期间所学专业技能的全面训练。

该毕业设计选题结合实际设计项目。设计者通过对上位规划的解读，以及对设计区域现状的调查研究，提出了适合于县城产业园区开发建设的规划概念与发展策略，即充分利用友谊县生态环境良好的优势条件，注重将产业与生活服务结合起来，从生态链组织、土地经济效应以及自然生态生成等层面对产业园区土地利用、功能分区、发展时序提出规划建议，形成可持续发展的绿色生态型省级产业园区。设计所确定的功能定位和产业布局合理。

整体设计中，规划理论应用适当，设计概念表达系统、清晰，规划内容表达规范、完整，城市设计意向性方案空间结构清晰、有序。整体图面表达效果突出，较好地表达了设计意图。表现出设计者较强的设计能力。

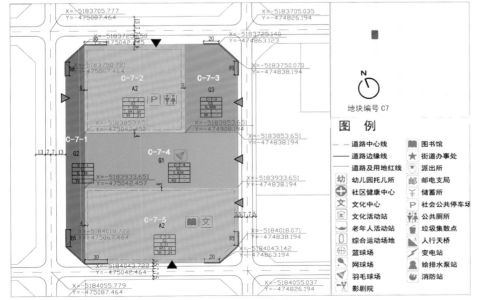

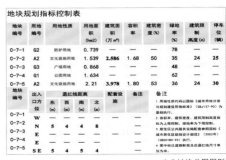

地块规划指标控制表

地块编号	用地编号	用地性质	用地面积(hm2)	建筑面积(万 m²)	容积率	建筑密度(%)	绿地率(%)	建筑限制高度(m)	停车位(辆)
C-7-1	G2	防护用地	0.739	—	—	—	78	—	—
C-7-2	A2	文化设施用地	1.539	2.586	1.68	50	35	24	25
C-7-3	G3	广场用地	0.868	—	—	—	46	—	—
C-7-4	G1	公园用地	1.634	—	—	—	62	—	—
C-7-5	A2	文化设施用地	2.21	3.978	1.80	53	36	24	30

地块编号	出入口方位	退红线距离				配套设施	备注	备注
		东(m)	西(m)	南(m)	北(m)			
C-7-1	W							1. 用地性质代码以国标《城市用地分类与规划建设用地标准》(GBJ137-90)为基础标准。
C-7-2	N	5	4	4	8			2. 容积率、建筑密度、建筑限制高度指标...
C-7-3	N							3. 居住区公共服务设施配套参照国标《城市居住区规划设计规范》(GB50180-93)执行。
C-7-4	E							4. 图中标注道路断面及后退尺寸为...
C-7-5	SE	5	4	5	4			

C-7 地块分图图则

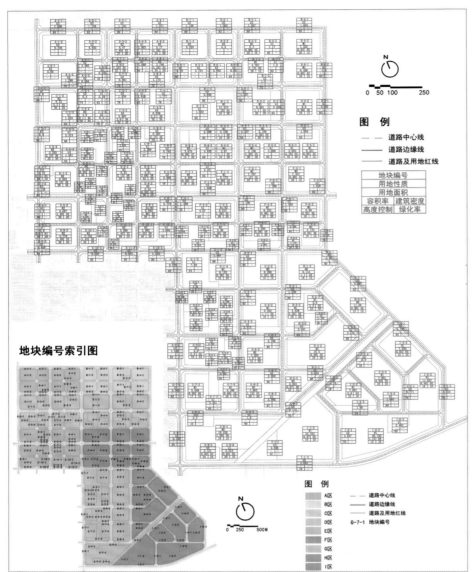

地块编号索引图

地块开发控制总图图则

图例
A区 / B区 / C区 / D区 / E区 / F区 / G区 / H区 / I区
道路中心线 / 道路边缘线 / 道路及用地红线
G-7-1 地块编号

图例
道路中心线 / 道路边缘线 / 道路及用地红线

| 地块编号 |
| 用地性质 |
| 用地面积 |
| 容积率 / 建筑密度 |
| 高度控制 / 绿化率 |

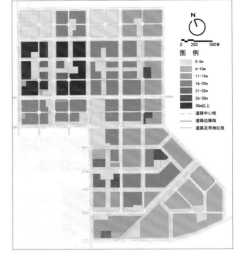

地块容积率控制图

图例
0-5m / 6-10m / 11-15m / 16-20m / 21-25m / 26-30m / 30m以上
道路中心线 / 道路边缘线 / 道路及用地红线

开发密度分析图

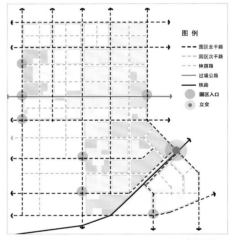

道路分析图

图例
园区主干路 / 园区次干路 / 林荫路 / 过境公路 / 铁路 / 园区入口 / 立交

功能分析图

图例
核心区 / 初级市场 / 粮食加工区 / 食品深加工区 / 制药园区 / 农产品制造区 / 精品兼住区 / 商务办公区 / 科研教育区 / 预留兼容性用地 / 区域中心

地块指标汇总表

街坊编号	地块编号	用地性质	用地面积(hm2)	容积率	建筑密度(%)	绿地率(%)	建筑高度(m)
A	A-1-1	G2	防护用地	1.558	—	—	85	—
	A-1-2	E2	农林用地	6.546	—	—	—	—
	A-2-1	G2	防护用地	1.128	—	—	83	—
	A-2-2	E2	农林用地	4.453	—	—	—	—
	A-3-1	G2	防护用地	1.145	—	—	80	—
	A-3-2	R2	二类居住用地	4.47	1.40	32	37	20
	A-4-1	G2	防护用地	1.371	—	—	80	—
	A-4-2	R2	二类居住用地	5.17	1.35	32	35	20
	A-4-3	G1	公园用地	1.003	—	—	65	—
	A-5-1	E2	农林用地	5.65	—	—	—	—
	A-5-2	G2	防护用地	1.298	—	—	75	—
	A-6-1	E2	农林用地	3.485	—	—	—	—
	A-6-2	G3	广场用地	0.352	—	—	42	—
	A-6-3	G2	防护用地	0.964	—	—	70	—
	A-7-1	R2	二类居住用地	3.912	1.23	35	32	20
	A-7-2	G2	防护用地	0.961	—	—	75	—
	A-8-1	R2	二类居住用地	3.746	1.32	33	35	20
	A-8-2	G1	公园用地	1.668	—	—	65	—
	A-8-3	G2	防护用地	1.23	—	—	75	—
B	B-1-1	G2	防护用地	1.138	—	—	80	—
	B-1-2	E2	农林用地		—	—	—	—
	B-2-1	G2	防护用地	5.329	—	—	83	—
	B-2-2	E2	农林用地	4.4	—	—	—	—
	B-3-1	G2	防护用地	1.067	—	—	80	—
	B-3-2	M1	一类工业用地	6.3	0.89	45	20	15
	B-3-3	G1	公园用地	1.17	—	—	60	—
	B-4-1	G2	防护用地	1.065	—	—	85	—
	B-4-2	M1	一类工业用地	7.325	0.95	45	20	15
	B-5-1	G2	防护用地	0.93	—	—	80	—
C	C-3-1	G2	防护用地	1.476	—	—	75	—
	C-3-2	A3	教育科研用地	5.507	2.0	36	32	35
	C-4-1	G2	防护用地	1.777	—	—	78	—
	C-4-2	A3	教育科研用地	6.036	2.2	38	32	35
	C-4-3	G1	公园用地	1.618	—	—	63	—
	C-5-1	G2	防护用地	0.9	—	—	85	—
	C-5-2	B2	商务设施用地	5.332	2.10	36	32	35
	C-5-3	G1	公园用地	2.323	—	—	68	—
	C-5-4	G3	广场用地	1.591	—	—	52	—
	C-6-1	B3	娱乐康体用地	1.539	1.67	38	35	24
	C-6-2	G1	公园用地	3.643	—	—	63	—
	C-6-3	B3	娱乐康体用地	1.864	1.68	42	40	24
	C-7-1	G2	防护用地	0.739	—	—	78	—
	C-7-2	A2	文化设施用地	1.539	1.68	50	35	24
	C-7-3	G3	广场用地	0.868	—	—	48	—
	C-7-4	G1	公园用地	1.634	—	—	62	—
	C-7-5	A2	文化设施用地	2.21	1.80	53	36	24
	C-8-1	G1	公园用地	2.369	—	—	67	—
	C-8-2	A3	教育科研用地	6.587	2.12	42	42	35
	C-8-3	G2	防护用地	0.742	—	—	78	—
D	D-1-1	G2	防护用地	2.848	—	—	80	—
	D-1-2	M1	一类工业用地	11.515	1.12	55	18	20
	D-1-3	G1	公园用地	1.623	—	—	65	—
	D-2-1	G2	防护用地	1.207	—	—	82	—
	D-2-2	M1	一类工业用地	6.501	1.1	55	20	20
	D-2-3	G1	公园用地	2.425	—	—	65	—
	D-3-1	G2	防护用地	2.597	—	—	80	—
	D-3-2	M1	一类工业用地	8.0	0.98	46	18	15

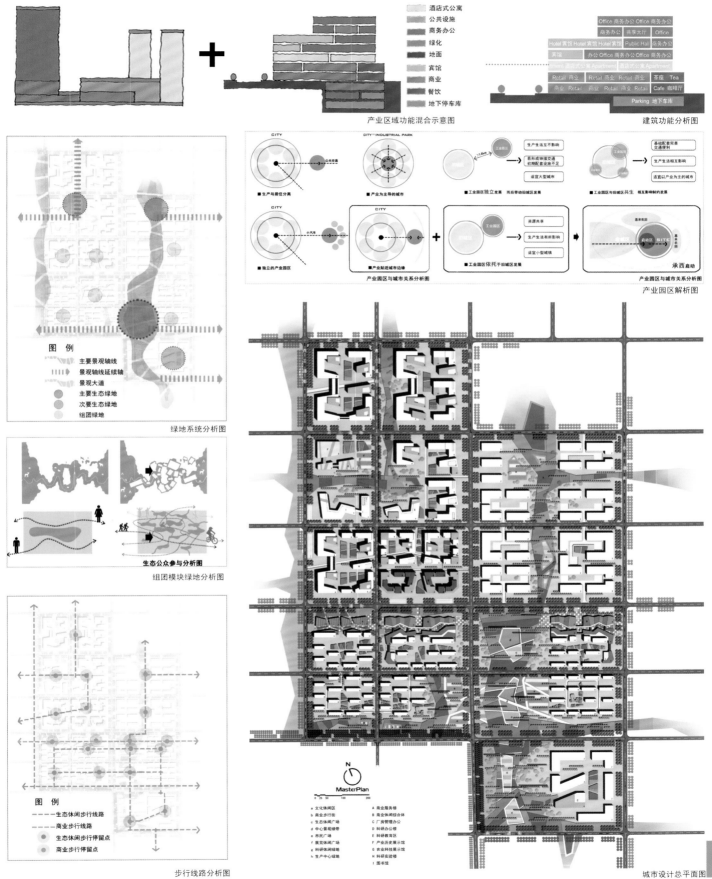

酒店式公寓
公共设施
商务办公
绿化
地面
宾馆
商业
餐饮
地下停车库

产业区域功能混合示意图

建筑功能分析图

图例
主要景观轴线
景观轴线延续轴
景观大道
主要生态绿地
次要生态绿地
组团绿地

绿地系统分析图

生态公众参与分析图

组团模块绿地分析图

图例
生态休闲步行线路
商业步行线路
生态休闲步行停留点
商业步行停留点

步行线路分析图

产业园区解析图

城市设计总平面图

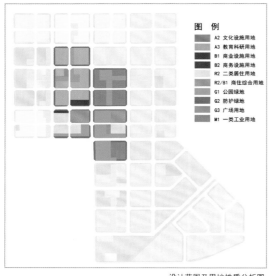

图 例
A2 文化设施用地
A3 教育科研用地
B1 商业设施用地
B2 商务设施用地
R2 二类居住用地
R2/B1 商住综合用地
G1 公园绿地
G2 防护绿地
G3 广场用地
M1 一类工业用地

设计范围及用地性质分析图

科研教育园区

农机生产制造区

商业街
居住区   商住综合体   中心绿地   商住综合体

居住区

食品加工区

功能分区分析图

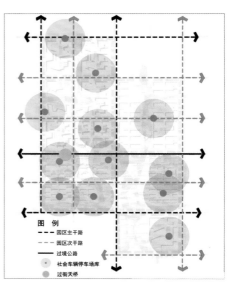

图 例
园区主干路
园区次干路
过境公路
社会车辆停车场库
过街天桥

道路交通系统分析图

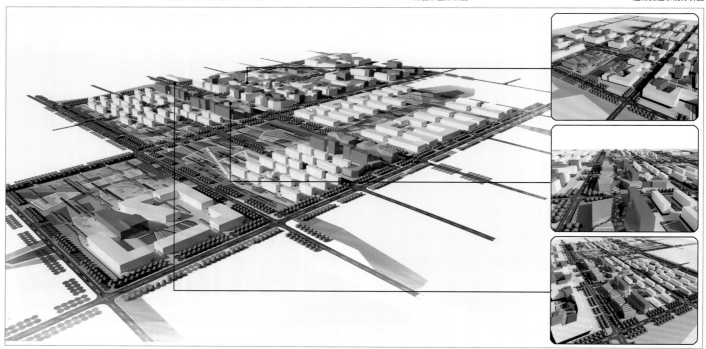

鸟瞰效果图

文化和商业
CULTURE &
COMMERCIAL

零售
RETAIL

商展   步道 绿化 步道 广场 商展

商业街分析图

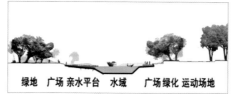

绿地 广场 亲水平台 水域 广场绿化 运动场地

中心绿地分析图

展览和教育
Exhibition
&education

展览和教育
Exhibition
&education

零售
RETAIL

展览   步道 绿化 步道 广场 展览

重要节点分析图

3 范家屯镇十家子新城核心区城市设计
Center Urban Design Of Shijiazi City

学生姓名： 刘宇舒
指导教师： 陆明、邢军
教师评语：该设计是基于范家屯镇城市总体规划，对城市核心地段所做的城市设计，是对新城核心区的城市形体和空间环境作整体的构思和安排。设计者通过挖掘、提炼范家屯镇十家子新城核心区的城市环境特点和人文特色资源，对核心区的整体形态、个性特征、开放空间、景观风貌、交通系统及人文活动系统进行了系统规划。

该方案的规划设计分析深入详尽，较好地把握了各种形体空间要素的内部联系，通过开放空间构成的南北轴线和水系贯穿的东西轴线来组织空间布局，方案整体性较强。城市设计图则、导则完整规范，设计成果内容丰富，图面表现效果突出，反映了该生具备较深厚的设计功底和较强的表达能力。

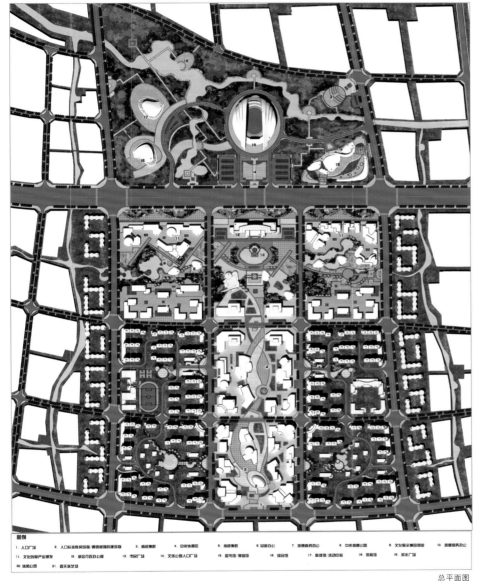

总平面图

图例
1. 入口广场 2. 人口标准赛育园区/赛馆赛馆赛馆赛馆 3. 商贸集群 4. 中央体育区 5. 商贸集群 6. 总部办公 7. 商务服务办公 8. 中央景观公园 9. 文化展览演艺剧院 10. 商务服务办公 11. 文化创意产业基地 12. 镇区行政办公 13. 市民广场 14. 文体公园人口广场 15. 图书馆/博物馆 16. 综合馆 17. 科技馆/活动中心 18. 商住区 19. 滨水广场 20. 休闲公园 21. 露天绿艺场

十家子镇在范家屯镇的区位

规划用地情况分析

范家屯镇总体规划对十家子新城的定位

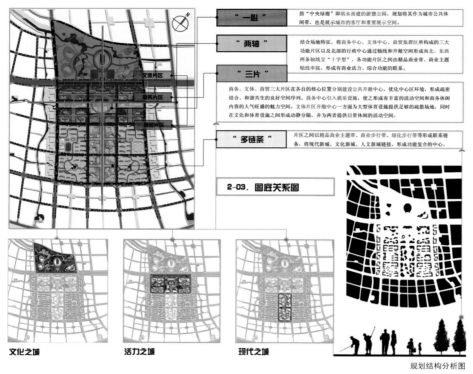

"一心"	指"中央绿廊"即滨水商建的游憩公园，规划将其作为城市公共休闲带，也是展示城市的客厅和重要展示空间。
"两轴"	结合场地特征，将商务中心、文体中心、商贸集群区所构成的三大功能片区以及北部的行政中心通过轴线和开敞空间形成南北、东西两条轴线呈"十字型"，各功能片区之间以精品商业带、商业主题轴相串接，形成商业活力、综合功能的联系。
"三片"	商务、文体、商贸三大片区在各自的核心位置分别建设公共开敞中心，优化中心区环境，形成疏密结合、和谐共生的良好空间序列。商务中心引入娱乐设施，使之成有丰富的活动空间和商务休闲内容的人气旺盛的魅力空间。文体片区开敞中心一方面为大型体育设施提供足够的疏散场地，同时在文化和体育设施之间形成动静分隔，并为两者提供日常休闲的活动空间。
"多链条"	片区之间以精品商业主题带、商业步行带、绿化步行带等形成联系链条，将现代新城、文化新城、人文新城链接，形成功能复合的中心。

2-03. 图底关系图

文化之城　　活力之城　　现代之城

规划结构分析图

绿地　the green land

结构性空间 Structural space
内部街道公共空间 Internal street public
特色形象空间 Characteristic image space
内部主要公共空间（局部放大）internal main public space
街坊内部公共空间 Neighborhood-internal public space
结构性空间

新城结构性空间包括：
| 1. 南北轴线： | 奥勇商贸集群、商务办公、新城办公楼和文体中心的南北轴线所形成的结构性空间。 |
| 2. 东西轴线： | 由片区核心绿地的东西轴线的开敞空间构成的结构性空间。 |

公共空间系统分析图

滨水区鸟瞰图

新城行政办公楼广场

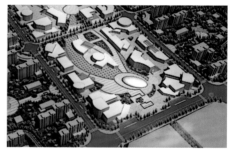
新城核心区入口广场

滨水"珠子"

规划道路交通系统分析图

文化中心前广场

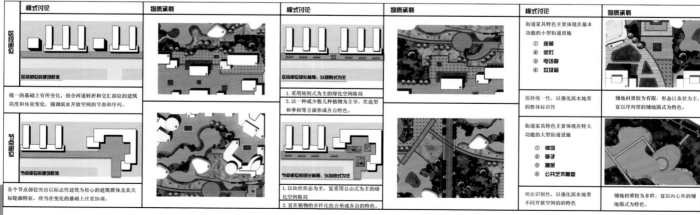

滨水开放空间景观控制

8. 中央休憩区

作为商贸集群区集中的休憩区，面积较大且围绕建筑的开敞空间，注重人性化设计，提供丰富的绿化环境、休憩设施，并提供优质的绿化环境及餐饮休闲服务设施，满足休憩人群的需要。

7. 中心水主题广场

以水主题造景，可采用叠水、跌景等不同形式，营造一个宜留留的、彰显特色的舒适的集散场所。

6. 局部片区休闲绿地

结合片区景观，布置座椅、小型水景等布置。

5. 步行带休闲绿地

注重绿化景观的配置与造景设计，营造休闲观景绿地。

4. 商贸集群休闲步行街

注重步行的连续性、趣味性，丰富步行体验，配合建筑人性化设计，提供一个舒适、宜人的步行体验空间充满活力的商贸氛围。

3. 入口标志性建筑物/构筑物

体现入口的标志性和园区的识别性，可采用特色材料和造型形式。

2. 局部水景观小广场

结合片区景观，布置座椅、小型水景观及体闲设施布置。

1. 入口广场

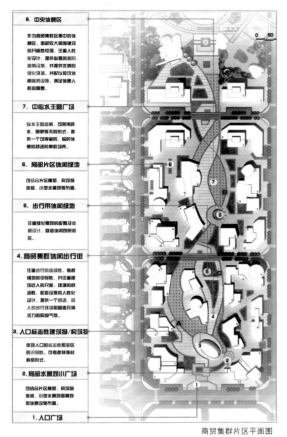

商贸集群片区平面图

文体公园片区平面图

1. 体育场

2. 综合馆·科技馆/活动中心

3. 图书馆/博物馆

4. 滨水步行廊

5. 滨闲体闲广场

6. 滨闲公园

7. 露天演绎广场

8. 户外小游园

9. 水上乐园

10. 社会停车场

11. 文体公园入口广场

局部透视图

街坊城市设计要点

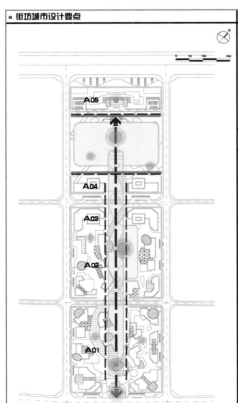

A05
A04
A03
A02
A01

建筑设计要点

环境设计要点

示意图片

街坊位置示意

示意图片

街坊空间设计要点

图例

连续界面
特色界面
通透界面
主要标志物
主要节点
次要节点
轴线视廊
开敞空间区域

街坊三维空间形态示意

商贸集群片区城市设计导则

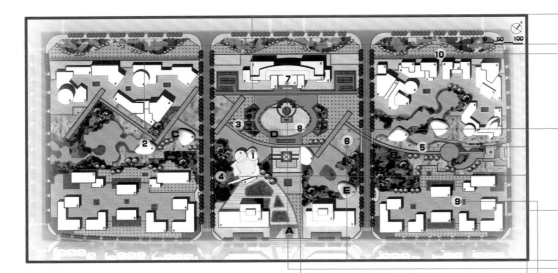

中央绿廊片区总平面图

总体鸟瞰图

1. 滨水文化展示兼容商业
（标志性建筑物/构筑物）

设置在滨水游乐带相对中部的位置，统领滨水"珠子"形成较好的景观序列和空间节奏感。

2. 滨水文化展示兼容商业

由一系列的文化展示兼容商业的"珠子"镶缀在滨水带上，规划设置展示长廊、城市漫步道等多样活动空间设施穿插滨水廊、绿廊内部，营造充满文化氛围的公共活动空间。

3. 滨水步行道

结合绿地水系设计组织主要的步行廊道，串联公共空间、街道广场、大型绿地等主要活动空间，并结合两侧公建设施以及公共交通站点，创造连续完善的步行体系，宜人的步行体验。

4. 滨水游憩绿带

横贯规划区地中央绿廊是规划区内最大的开放空间与公共中心，它串联众多个城市功能板块与功能节点，纵横交错的步行网路与实现通廊将各景观节点联系起来，形成富于变幻的景观体系。

5. 滨水游乐带

结合景观、建筑、绿化、广场等形成滨水游乐带。

6. 滨水广场

结合滨水步道、人流集散、景观等要素，在主要位置设置滨水广场，提供舒适的休憩和观景节点。

7. 新城政府办公楼

行政中心的建筑形态采用中轴对称的形式，形成宏伟庄严的形象，并使其处于核心区的中轴端点统领全区。

8. 新城政府前广场

结合中心绿廊开敞空间，府前广场有很好的景观条件，在设计过程中应充分利用绿化和广场作为行政中心核心要素，创造出供市民和旅游者驻足观赏、留念合影的场所。

9. 局部片区休闲绿地

可结合片区雕塑、构筑物、小型水景观、座椅、绿化等共同布置形成片区的短暂集散、休憩场所。

10. 绿化隔离带

节点局部透视图

鸟瞰手绘图

4 哈尔滨市道里区太平镇总体规划
Master Planning of Taiping Town

学生姓名： 程代君

指导教师： 袁青

教师评语： 该学生毕业设计规划范围是哈尔滨市道里区的太平镇，位于哈尔滨市的西南面。作业内容分为两部分，第一部分是哈尔滨道里区太平镇总体规划的部分内容，涵盖镇域总体规划以及镇区总体规划两个层次。第二部分是针对太平镇镇域内的太安农业观光园进行城市设计。

　　该作业设计内容丰富，图面表达较深入，较好地体现了该学生逻辑思维能力、独立分析和解决问题能力。对农业观光及农业生态旅游进行了较系统的分析，设计抓住现今农耕文化缺失和推动乡村经济的问题，并通过将农业与旅游业结合的方式寻求解决方案。在常规的功能分区基础上，增加四季主题活力点，突出体现农业景观的特殊性，同时增加农业旅游的亮点。并设计多条特色鲜明的农业旅游线路及丰富的农业活动项目，农业观光园旅游体验。

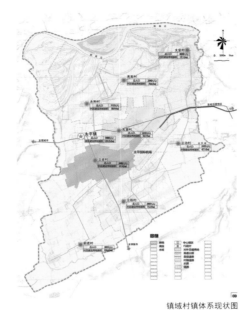

镇域村镇体系现状图　　　　　镇域村镇体系规划图

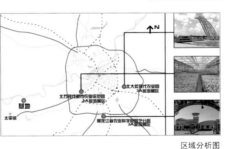

区域分析图

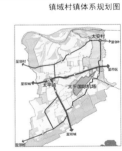

镇域区位图　　　镇域交通

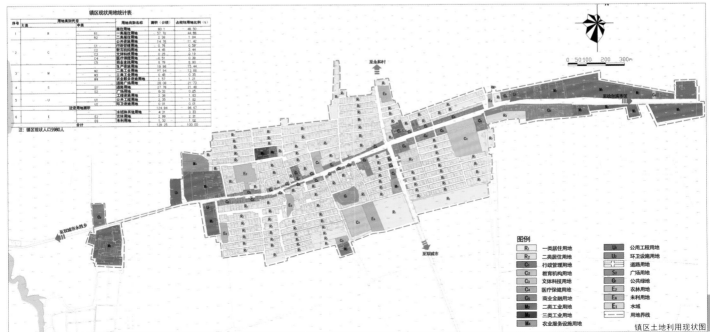

镇区土地利用现状图

哈尔滨工业大学建筑学院城市规划系学生作业集
School of Architecture, Harbin Institute of Technology

HIT

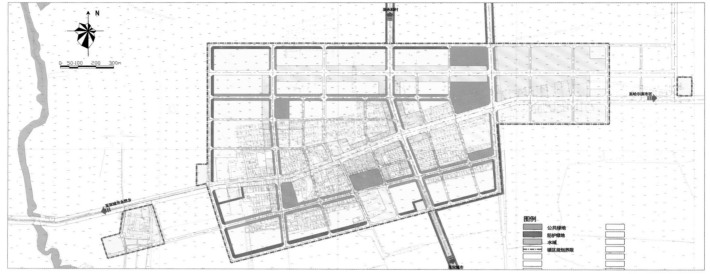

镇区绿地系统规划图

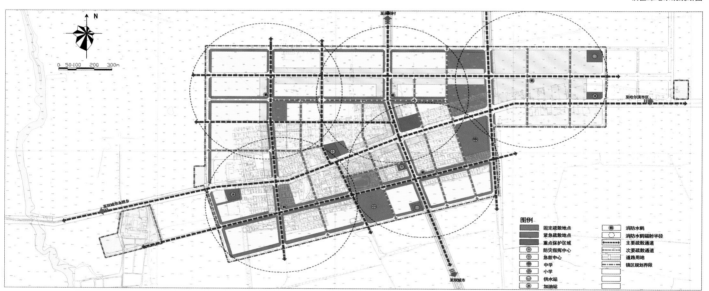

镇区防灾减灾规划图

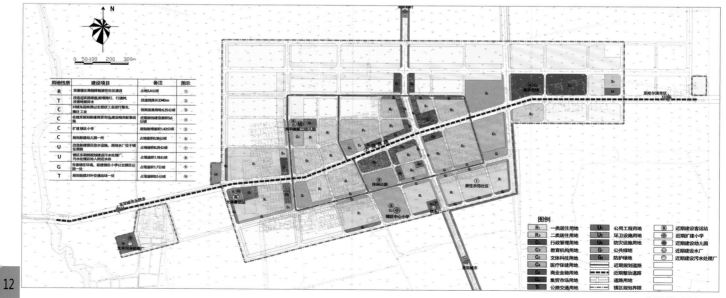

镇区近期建设规划图

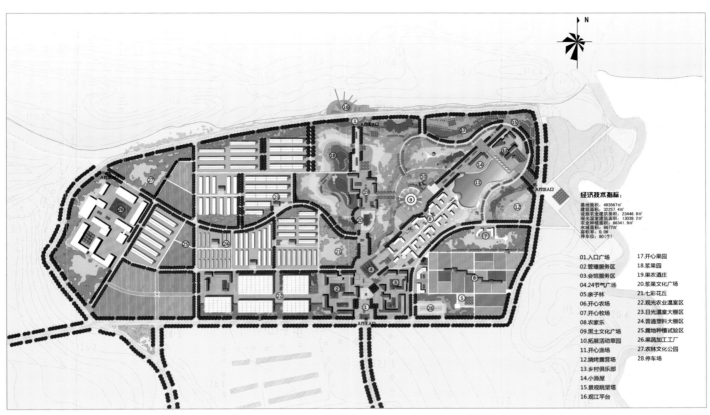

N

经济技术指标:

基地面积: 493567㎡
建筑面积: 32257.4㎡
设施建筑面积: 23446.8㎡
观光温室建筑面积: 13039.7㎡
农业种植面积: 86341.9㎡
水域面积: 667㎡
容积率: 0.06
停车位: 80(个)

01.入口广场　　17.开心果园
02.管理服务区　18.浆果园
03.会馆服务区　19.果农酒庄
04.24节气广场　20.浆果文化广场
05.亲子林　　　21.七彩花丘
06.开心农场　　22.观光农业温室区
07.开心牧场　　23.日光温室大棚区
08.农家乐　　　24.普通塑料大棚区
09.黑土文化广场 25.露地种植试验区
10.拓展活动草园 26.果蔬加工工厂
11.开心渔场　　27.农林文化公园
12.烧烤露营场　28.停车场
13.乡村俱乐部
14.小渔屋
15.景观眺望塔
16.观江平台

大安现代农业观光图总平面

各分区按者功能因需划分为八大分区:

综合服务接待区: 主体为办公建筑, 承担旅游服务接待, 导游指引, 停车等服务功能

都市农夫体验区: 该区域规划不同面积私家田地, 赋予农耕体验, 农业文化教育等功能

田园运动休闲区: 主要包括乡村俱乐部, 垂钓嬉和农家乐休闲庄园, 露天烧烤场等, 主要以餐饮, 休闲, 聚会交流等功能

果园种植体验区: 主要是不同果树组成的百果园, 在不同的成熟季节提供给游客不一样的采摘体验, 同时也是园区主要的经济效益实施载体

设施农业生产区: 由一般塑料大棚和日光节能温室大棚组成, 主要负责蔬菜, 水果, 花卉的生产功能

科技农业展示区: 以现代连林温室大棚, 主要为奇瓜异果展览, 科技农业观光, 现代科技农业交流等功能

露地农业景观区: 以夏菜等农作物种植等露地为主, 承载作物生产功能以及农作物试验, 观光功能

加工农业体验区: 以瓜果, 蔬加工为主, 实现更高的经济价值, 同时辅以果蔬加工工艺流程参观, 体验等功能

园区功能分区规划

滨江休闲观景平台

从松花江西北视角看农业园

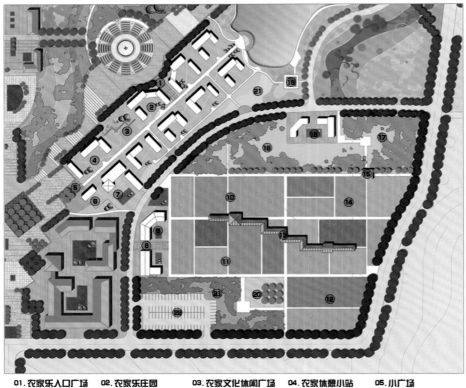

01.农家乐入口广场　02.农家乐庄园　03.农家文化休闲广场　04.农家休憩小站　05.小广场
06.自行车集散点　07.农家饭庄　08.开心农场入口广场　09.开心农场服务站　10.蔬菜种植区
11.花草种植区　12.中草药种植区　13.特色休闲长廊　14.粮食种植区　15.开心农场入口牌坊
16.牧场养殖区　17.开心牧场自助养殖　18.开心牧场服务站　19.湖边休闲小亭　20.亲子林
21.休闲绿地　22.停车场

都市农夫休闲体验区总平面

民俗村落

农家乐休闲庄园的建筑风格采用北方村庄传统居住形式，以三合院、二合院为主，开敞的一侧或两侧面向道路，这样既能体现东北民居的布局特点，也将东北民居历史文化更好的向游人展示。

瓦的颜色：建议以暖色系中的红色为主和冷色系中的青灰色为主。

农家文化休闲广场

休闲广场位于农家乐建筑群落中，西侧为农家旅社，意在为来访者提供一处休闲空间，空间中以景观小品的形式增加景观层次，建议以木质或石质的桌椅、休闲景观亭为主，体现自然和谐的景观空间。

同时，广场空间放养鸽子等鸟类，提升农业园活力，安排喂食等活动，吸引更多的游人参与。

节点空间效果意向

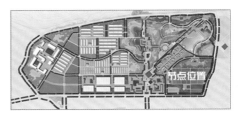

节点位置

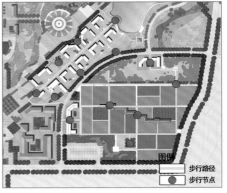

步行路径分析

都市农夫体验区的游客服务设施规划分三处分布：
农家乐服务区、开心农场服务区、开心牧场服务区。农家乐服务区作为都市农夫休闲区的基础服务基地，开心农场及其开心牧场服务区各为农场，牧场的活动提供基础服务。

服务节点规划

主要旅游配套设施

湖畔一角节点透视

亲子林节点透视

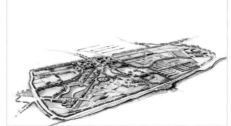

鸟瞰手绘图

5 双城市西南隅地区控制性详细规划及局部地区城市设计

The Regulation Plan and Partial Urban Design of the Southwest District Area in Shuangcheng

学生姓名： 辛兰

指导教师： 冷红、袁青

教师评语： 该毕业设计规划范围是双城市西南隅地区，双城市以十字街划分整个市区，西南隅地区即市区的西南角。作业内容分为两部分，一是针对西南隅地区进行控制性详细规划，二是对西南隅的局部地区进行城市设计。

　　　　　总体来看，该毕业设计思路逻辑合理，设计成果较深入。该毕业设计通过分析上一版规划存在的问题，抓住西南隅地区"田"字形的城市结构、独特的历史文化、鲜明的北方民居特色及地下商业建设等特点，以呼应哈尔滨市"南拓"发展的方针政策，着重解决城市发展与历史保护之间的矛盾，当地地域特色如何体现及传统街区与现代化城市建设之间如何恰当衔接与过度的问题。控规部分土地利用规划及指标较为合理，道路系统分析全面，并提出相应改进措施。城市设计部分对"承中城"概念深入展开，从地脉、文脉和人脉三个层次阐述规划目标及解决策略，并针对民族特色街进行详细的规划设计，注重民族特色空间的塑造。

双城市总体规划

西南隅地区区位

哈尔滨市域区位

哈尔滨行政区划

哈尔滨远景规划都市拓展图

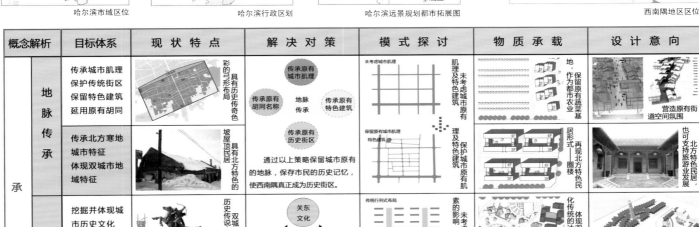

方案设计概念解析

11

序号	大类	中类	小类	细分类	类别名称	用地面积(公顷)	占规划总用地比例(%)
1	R				居住用地	87.86	58.68
		R2			二类居住用地	71.73	
			R21		二类住宅用地	60.15	
			R22		公共服务设施用地	6.69	
				R22C61	幼托用地	1.01	
				R22C62	小学用地	3.25	
				R22C63	初中用地	2.43	
			R25		商住综合用地	4.89	
		R3			整治改造住宅用地	16.13	
			R31		整治改造住宅用地	16.13	
2	C				公共用地	16.72	11.17
		C1			行政办公用地	5.68	
			C11		市属办公用地	5.68	
		C2			商业金融业用地	5.28	
			C21		商业用地	2.95	
			C25		旅馆业用地	0.48	
			C26		市场用地	1.85	
		C3			文化娱乐设施用地	1.45	
			C32		文化艺术团体用地	0.32	
			C34		图书展览用地	0.80	
			C35		影剧院用地	0.33	
		C4			体育用地	2.72	
			C41		体育场馆用地	2.72	
		C5			医疗卫生用地	0.74	
			C51		医院用地	0.74	
		C6			教育科研设计用地	0.55	
			C62		中等专业学校用地	0.55	
		C9			其他公共设施用地	0.30	
3	S				道路广场用地	38.50	25.71
		S1			道路用地	35.59	
		S2			广场用地	2.36	
			S22		游想集会广场用地	2.36	
		S3			社会停车场库用地	0.55	
			S31		机动车停车场库用地	0.55	
4	U				市政公用设施用地	0.35	0.24
		U1			供应设施用地	0.20	
			U12		供电设施用地	0.20	
		U4			环境卫生设施用地	0.15	
			U42		粪便垃圾处理用地	0.15	
5	G				绿地	6.29	4.20
		G1			公共绿地	5.30	
			G11		公园绿地	3.41	
			G12		街头绿地	1.89	
		G2			生产防护绿地	0.99	
			G22		防护绿地	0.99	
					规划城市建设用地	149.72	100
6	E				水域和其他用地	5.70	
		E2			耕地	5.70	
			E21		菜地	1.64	
			E29		其他耕地	4.06	
					规划城市总用地	155.42	

图例

土地使用规划图

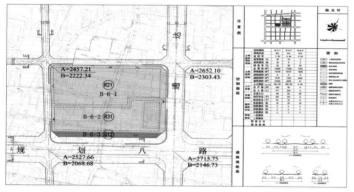

B-6 地块分图图则

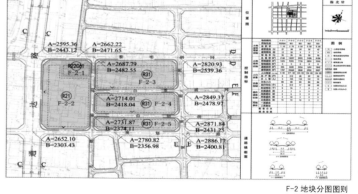

F-2 地块分图图则

G-1 地块分图图则

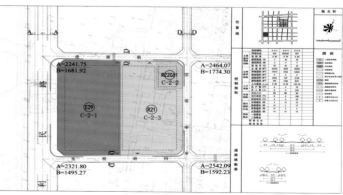

C-2 地块分图图则

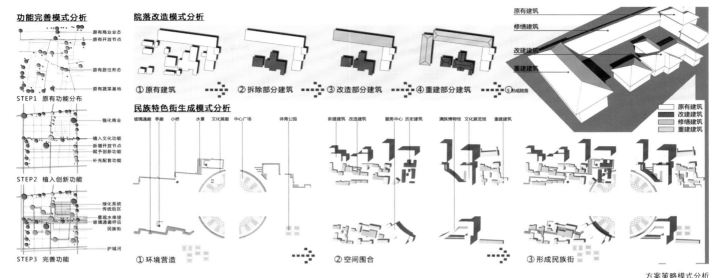

功能完善模式分析

STEP1 原有功能分布
STEP2 植入创新功能
STEP3 完善功能

院落改造模式分析

① 原有建筑　② 拆除部分建筑　③ 改造部分建筑　④ 重建部分建筑　⑤ 形成院落

原有建筑
修缮建筑
改建建筑
重建建筑

原有建筑
改建建筑
修缮建筑
重建建筑

民族特色街生成模式分析

① 环境营造　② 空间围合　③ 形成民族街

方案策略模式分析

容积率：
指地块内建筑物建筑面积总和与地块总面积之比值。各地块的规划容积率详见各地块分图则指标。

建筑密度：
地块内建筑基底面积总和与地块总面积比率。建设中建筑密度只能小于或等于分图则中各地块建筑密度的规定值。

建筑高度：
指建筑物室外入口地坪标高至女儿墙顶部檐口的高度（屋顶局部设备用房可不计入建筑高度）。

建筑限高：
指对建筑高度的控制。建筑高度只能小于或等于分图则各地块中关于建筑限高的规定值。

建筑间距：
规划用地中相邻两建筑物相对部分外墙面之间的最小垂直距离。应符合日照、消防、抗震、安全等要求。

建筑退界控制：
建筑物后退城市绿线、道路红线、用地边界的距离，执行地方规定的有关要求。

开发强度与建筑控制

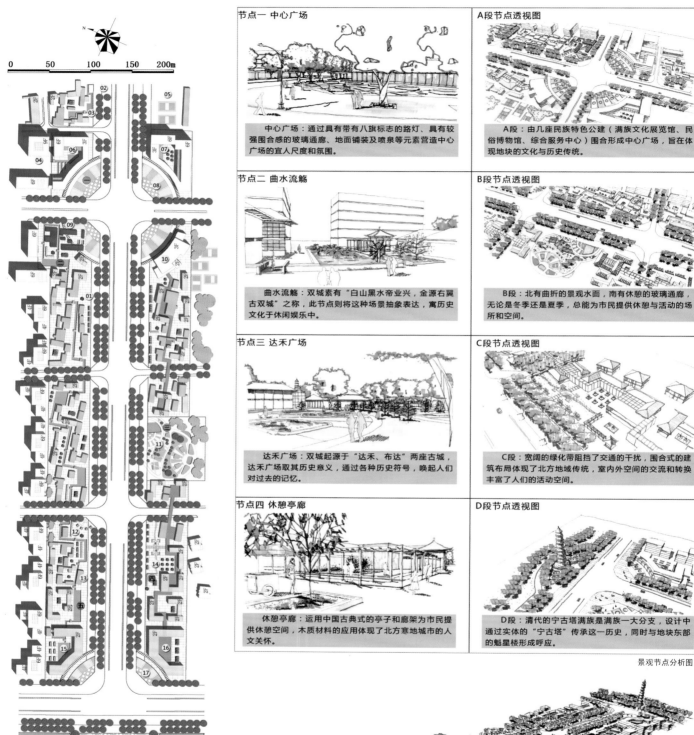

节点一 中心广场

中心广场：通过具有带有八旗标志的路灯、具有较强围合感的玻璃通廊、地面铺装及喷泉等元素营造中心广场的宜人尺度和氛围。

A段节点透视图

A段：由几座民族特色公建（满族文化展览馆、民俗博物馆、综合服务中心）围合形成中心广场，旨在体现地块的文化与历史传统。

节点二 曲水流觞

曲水流觞：双城素有"白山黑水帝业兴，金源右翼古双城"之称，此节点则将这种场景抽象表达，寓历史文化于休闲娱乐中。

B段节点透视图

B段：北有曲折的景观水面，南有休憩的玻璃通廊，无论是冬季还是夏季，总能为市民提供休憩与活动的场所和空间。

节点三 达禾广场

达禾广场：双城起源于"达禾、布达"两座古城，达禾广场取其历史意义，通过各种历史符号，唤起人们对过去的记忆。

C段节点透视图

C段：宽阔的绿化带阻挡了交通的干扰，围合式的建筑布局体现了北方地域传统，室内外空间的交流和转换丰富了人们的活动空间。

节点四 休憩亭廊

休憩亭廊：运用中国古典式的亭子和廊架为市民提供休憩空间，木质材料的应用体现了北方寒地城市的人文关怀。

D段节点透视图

D段：清代的宁古塔满族是满族一大分支，设计中通过实体的"宁古塔"传承这一历史，同时与地块东部的魁星楼形成呼应。

景观节点分析图

图 例

01	休憩亭廊	08	中心广场	15	曲水流觞
02	林荫步道	09	保留特色建筑	16	玻璃通廊
03	小桥流水	10	餐饮中心	17	入口广场
04	综合服务中心	11	达禾广场	18	宁古塔广场
05	第十一小学	12	新建建筑		
06	满族文化展览馆	13	改造建筑		
07	民俗博物馆	14	休憩庭院		

民族街总平面图

鸟瞰图

6 加格达奇新区控制性详细规划及局部地区城市设计

The Regulatory Detailed Planning For The Riverside New District Of Jagedaqi

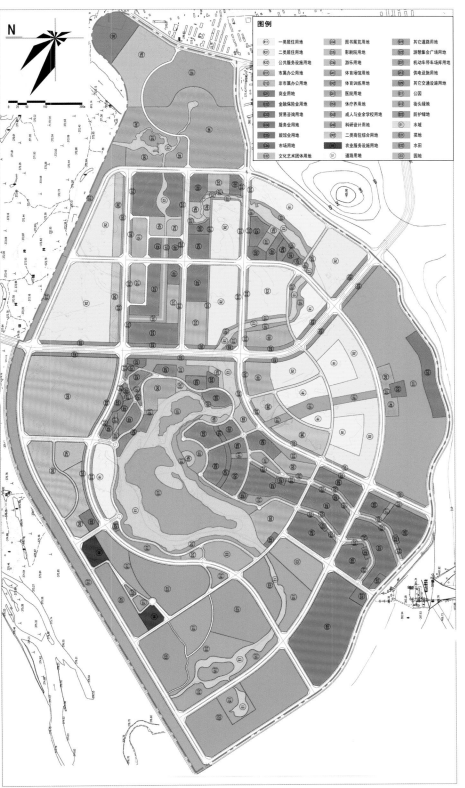

图例

土地利用规划图

学生姓名：王萍萍

指导教师：邢军、吴远翔

教师评语：该毕业设计通过对上位规划的解读，以及对设计区域现状的调查研究，提出了适合于新区未来开发建设的规划概念与发展策略。设计概念表达系统、清晰；控制性详细规划内容表达规范、完整，城市设计意向性方案空间结构清晰、有序。整体图面表达手法熟练、效果突出，较好地表达了设计意图。表现出设计者较为扎实的基础训练和较强的设计能力。

	用地代码	用地性质	用地面积（公顷）	比例
1	R	居住用地	77.49	13.32%
	R1	一类居住用地	21.39	3.68%
	R2	二类居住用地	56.1	9.64%
	R22	公共服务设施用地	5.86	1.01%
2	C	公共设施用地	164.09	28.20%
	C1	行政办公用地	8.59	1.48%
	C11	市属办公用地	3.88	0.67%
	C12	非市属办公用地	5.61	0.96%
	C2	商业金融业用地	72.83	12.52%
	C21	商业用地	22.9	3.94%
	C22	金融保险业用地	6.12	3.69%
	C23	贸易咨询用地	1.27	0.22%
	C24	服务业用地	2.55	0.44%
	C25	旅馆业用地	38.78	6.67%
	C26	市场用地	1.21	0.21%
	C3	文化娱乐用地	14.43	2.48%
	C32	文化艺术团体用地	0.27	0.05%
	C34	图书展览用地	3.65	0.63%
	C35	影剧院用地	0.93	0.16%
	C36	游乐用地	9.58	1.65%
	C4	体育用地	23.35	4.01%
	C41	体育场馆用地	20.52	3.53%
	C42	体育训练用地	2.83	0.49%
	C5	医疗卫生用地	9.35	1.65%
	C51	医院用地	2.26	0.39%
	C53	休疗养用地	7.09	1.22%
	C6	教育科研设计用地	26.17	4.50%
	C63	成人与业余学校用地	18.83	3.24%
	C65	科研设计用地	7.34	1.26%
	CR	综合用地	8.92	1.53%
	CR2	二类商住综合用地	8.92	1.53%
3	M	工业用地	2.39	0.41%
	M4	农业服务设施用地	2.39	0.41%
4	S	道路广场用地	117.73	20.24%
	S1	道路用地	107.86	18.54%
	S2	广场用地	7.9	1.36%
	S22	游憩集会广场用地	3.63	0.62%
	S3	社会停车场库用地	1.97	0.34%
	S31	机动车停车场库用地	1.97	0.34%
5	U	市政公共设施用地	3.74	0.64%
	U1	供应设施用地	3.43	0.59%
	U12	供电设施用地	3.43	0.59%
	U2	交通设施用地	0.31	0.05%
	U29	其它交通设施用地	0.31	0.05%
6	G	绿地	134.48	23.12%
	G1	公共绿地	127.44	21.91%
	G11	公园	85.87	14.76%
	G12	街头绿地	41.57	7.15%
	G2	生产防护绿地	7.04	1.21%
	G22	防护绿地	7.04	1.21%
7	E	水域和其它用地	81.86	14.07%
	E1	水域	35.73	6.14%
	E2	耕地	39.62	6.81%
	E21	菜地	16.13	2.77%
	E22	水田	23.49	4.04%
	E3	园地	6.51	1.12%
	合计		581.78	100.00%

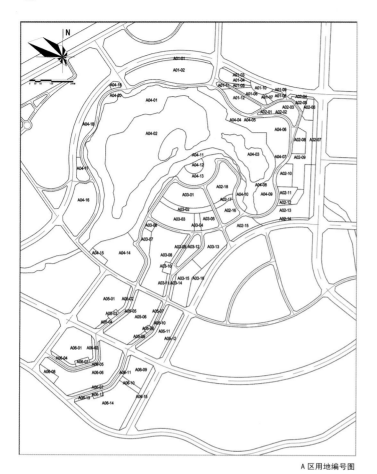

A 区用地编号图

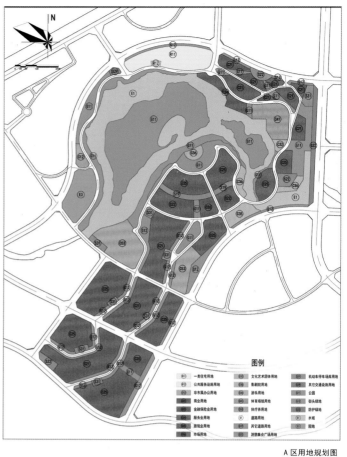

A 区用地规划图

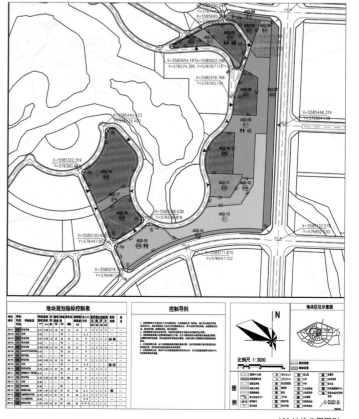

A01 地块分图图则

A02 地块分图图则

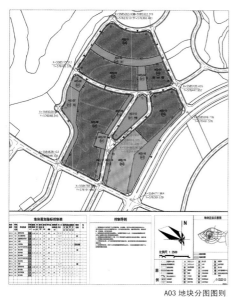

A03 地块分图图则

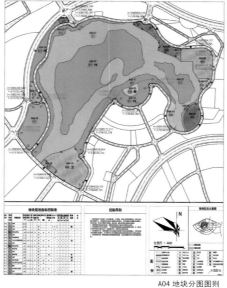

A04 地块分图图则

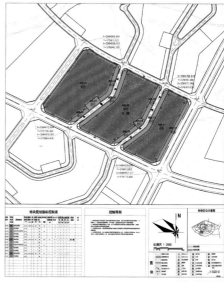

A05 地块分图图则

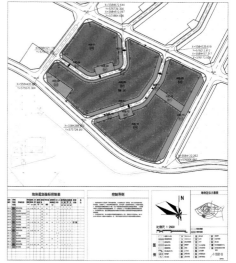

A06 地块分图图则

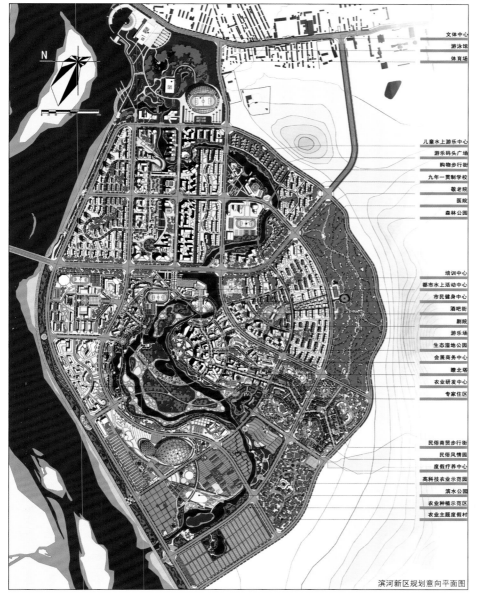

文体中心
游泳馆
体育场

儿童水上游乐中心
游乐码头广场
购物步行街
九年一贯制学校
敬老院
医院
森林公园

培训中心
都市水上活动中心
市民健身区
酒吧街
剧院
游乐场
生态湿地公园
会展商务中心
滕北塔
农业研发中心
专家住区

民俗商贸步行街
民俗风情园
度假疗养中心
高科技农业示范园
滨水公园
农业种植示范区
农业主题度假村

滨河新区规划意向平面图

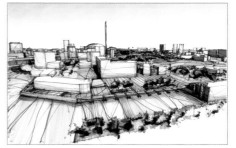

酒吧风情区鸟瞰图

内港活动区透视图

121

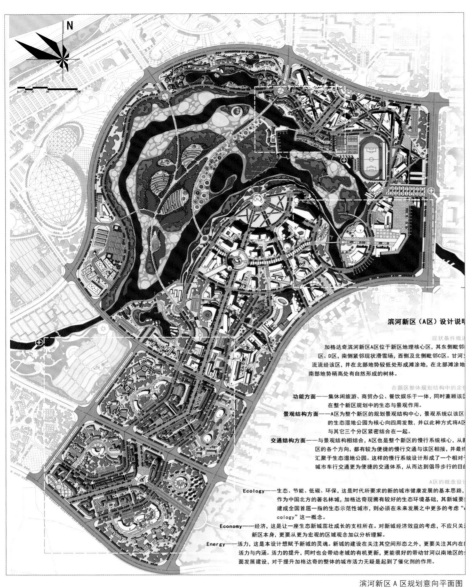

滨河新区 A 区规划意向平面图

滨河新区（A区）设计说明

现状条件概述

加格达奇滨河新区A区位于新区地理核心区，其东侧毗邻B区、D区，南侧紧邻现状滑雪场，西侧及北侧毗邻C区。甘河流经该区，并在北部地势较低处形成滩涂地，在北部滩涂地南部地势稍高处有自然形成的树林。

在新区整体规划结构中的定位

功能方面——集休闲旅游、商贸办公、餐饮娱乐于一体，同时兼顾该区在整个新区规划中的生态与景观作用。

景观结构方面——A区为整个新区的规划景观结构中心，景观系统以该区的生态湿地公园为核心向四周散发，并以此种方式将A区与其它三个分区紧密结合在一起。

交通结构方面——与景观结构相结合，A区也是整个新区的慢行系统核心，从区的各个方向，都有较为便捷的慢行交通与该区相接，并最终汇聚于生态湿地公园。这样的慢行系统设计形成了一个相对于城市车行交通更为便捷的交通体系，从而达到倡导步行的目的。

A区的概念设计

Ecology——生态、节能、低碳、环保，这是时代所要求的新的城市健康发展的基本思路，作为中国北方的著名林城，加格达奇现拥有较好的生态环境基础，其新城要建成全国首屈一指的生态示范性城市，则必须在未来发展之中更多的考虑"Ecology"这一概念。

Economy——经济，这是让一座生态新城茁壮成长的支柱所在。对新城经济效益的考虑，不应只关注新区本身，更要从更为宏观的区域观念加以分析理解。

Energy——活力，这是本设计想赋予新城的灵魂。新城的建设在关注其空间形态之外，更要关注其内在的活力与内涵。活力的提升，同时也会带动老城的有机更新，更能很好的带动甘河以南地区的全面发展建设，对于提升加格达奇的整体的城市活力无疑是起到了催化剂的作用。

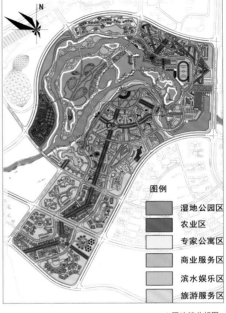

图例

- 湿地公园区
- 农业区
- 专家公寓区
- 商业服务区
- 滨水娱乐区
- 旅游服务区

A 区功能分析图

A 区的北部主要是生态湿地公园，结合流经该区域的水系形成了加格达奇新区的"绿核"。

街头公园
入口广场
步行小桥

酒吧风情街
码头服务区
游艇码头湿地公园站
体育健身区
生态"风墙"
生态驳岸

酒吧风情区

入口步行街
水上活动中心
内港
滨水活动广场
摩天轮
娱乐服务中心
步行景观带
游艇
游艇码头

内港活动区

A 区鸟瞰图

鸟瞰图

生态湿地公园鸟瞰图